高职高专测绘类专业"十二五"规划教材·规范版

教育部测绘地理信息职业教育教学指导委员会组编

数 字 测 图

■ 主　编　明东权

■ 副主编　成晓芳　师军良

U0250343

WUHAN UNIVERSITY PRESS

武汉大学出版社

图书在版编目（CIP）数据

数字测图/明东权主编；成晓芳,师军良副主编. —武汉:武汉大学出版社,
2013.8(2021.7重印)

高职高专测绘类专业"十二五"规划教材·规范版
ISBN 978-7-307-11350-3

Ⅰ.数… Ⅱ.①明… ②成… ③师… Ⅲ.数字化测图—高等职业教
育—教材 Ⅳ.P283.7

中国版本图书馆 CIP 数据核字(2013)第 155621 号

责任编辑:胡 艳 责任校对:刘 欣 版式设计:马 佳

出版发行:**武汉大学出版社** （430072 武昌 珞珈山）
（电子邮箱:cbs22@whu.edu.cn 网址:www.wdp.com.cn）
印刷:武汉科源印刷设计有限公司
开本:787×1092 1/16 印张:11.75 字数:270 千字 插页:1
版次:2013 年 8 月第 1 版 2021 年 7 月第 5 次印刷
ISBN 978-7-307-11350-3 定价:24.00 元

高职高专测绘类专业 "十二五"规划教材·规范版
编审委员会

序

武汉大学出版社根据高职高专测绘类专业人才培养工作的需要，于 2011 年和教育部高等教育高职高专测绘类专业教学指导委员会合作，组织了一批富有测绘教学经验的骨干教师，结合目前教育部高职高专测绘类专业教学指导委员会研制的"高职测绘类专业规范"对人才培养的要求及课程设置，编写了一套《高职高专测绘类专业"十二五"规划教材·规范版》。该套教材的出版，顺应了全国测绘类高职高专人才培养工作迅速发展的要求，更好地满足了测绘类高职高专人才培养的需求，支持了测绘类专业教学建设和改革。

当今时代，社会信息化的不断进步和发展，人们对地球空间位置及其属性信息的需求不断增加，社会经济、政治、文化、环境及军事等众多方面，要求提供精度满足需要，实时性更好、范围更大、形式更多、质量更好的测绘产品。而测绘技术、计算机信息技术和现代通信技术等多种技术集成，对地理空间位置及其属性信息的采集、处理、管理、更新、共享和应用等方面提供了更系统的技术，形成了现代信息化测绘技术。测绘科学技术的迅速发展，促使测绘生产流程发生了革命性的变化，多样化测绘成果和产品正不断努力满足多方面需求。特别是在保持传统成果和产品的特性的同时，伴随信息技术的发展，已经出现并逐步展开应用的虚拟可视化成果和产品又极好地扩大了应用面。提供对信息化测绘技术支持的测绘科学已逐渐发展成为地球空间信息学。

伴随着测绘科技的发展进步，测绘生产单位从内部管理机构、生产部门及岗位设置，进而相关的职责也发生着深刻变化。测绘从向专业部门的服务逐渐扩大到面对社会公众的服务，特别是个人社会测绘服务的需求使对测绘成果和产品的需求成为海量需求。面对这样的形势，需要培养数量充足，有足够的理论支持，系统掌握测绘生产、经营和管理能力的应用性高职人才。在这样的需求背景推动下，高等职业教育测绘类专业人才培养得到了蓬勃发展，成为了占据高等教育半壁江山的高等职业教育中一道亮丽的风景。

高职高专测绘类专业的广大教师积极努力，在高职高专测绘类人才培养探索中，不断推进专业教学改革和建设，办学规模和专业点的分布也得到了长足的发展。在人才培养过程中，结合测绘工程项目实际，加强测绘技能训练，突出测绘工作过程系统化，强化系统化测绘职业能力的构建，取得很多测绘类高职人才培养的经验。

测绘类专业人才培养的外在规模和内涵发展，要求提供更多更好的教学基础资源，教材是教学中的最基本的需要。因此面对"十二五"期间及今后一段时间的测绘类高职人才培养的需求，武汉大学出版社将继续组织好系列教材的编写和出版。教材编写中要不断将测绘新科技和高职人才培养的新成果融入教材，既要体现高职高专人才培养的类型层次特征，也要体现测绘类专业的特征，注意整体性和系统性，贯穿系统化知识，构建较好满足现实要求的系统化职业能力及发展为目标；体现测绘学科和测绘技术的新发展、测绘管理与生产组织及相关岗位的新要求；体现职业性，突出系统工作过程，注意测绘项目工程和生产中与相关学科技术之间的交叉与融合；体现最新的教学思想和高职人才培养的特色，在传统的教材基础上勇于创新，按照课程改革建设的教学要求，让教材适应于按照"项目教学"及实训的教学组织，突出过程和能力培养，具有较好的创新意识。要让教材适合高职高专测绘类专业教学使用，也可提供给相关专业技术人员学习参考，在培养高端技能应用性测绘职业人才等方面发挥积极作用，为进一步推动高职高专测绘类专业的教学资源建设，作出新贡献。

按照教育部的统一部署，教育部高等教育高职高专测绘类专业教学指导委员会已经完成使命，停止工作，但测绘地理信息职业教育教学指导委员会将继续支持教材编写、出版和使用。

教育部测绘地理信息职业教育教学指导委员会副主任委员

二〇一三年一月十七日

前　言

随着电子技术、计算机技术、通信技术的飞速发展，人类进入了信息时代。信息时代的特征就是数字化，而数字化技术是信息时代的基础平台。数字化是实现信息采集、存储、处理、传输和再现的关键。数字技术对测绘学科也产生了深刻的影响，特别是全站仪和 GPS 的广泛应用以及计算机图形技术的迅速发展和普及，使测量的数据采集和成图方法发生了重大的变化，促进了地形图测绘的自动化。地形测量从白纸测图变革为数字测图，测量的成果不仅是绘制在纸上的地形图，更重要的是提交可供传输、处理、共享的数字地形信息，已成为信息时代不可缺少的地理信息系统的重要组成部分。

为了提高高职高专工程测量技术专业学生的动手能力，满足测绘行业对生产一线高技能人才的需要，根据多年来的教学研究与工程实践经验，我们采用"项目导向"和"基于工作过程"的思路模式，编写了这本融理论教学和实践技能训练于一体的教材。

本书由江西应用技术职业学院明东权主编。全书共 5 章，第 1 章由江西应用技术职业学院明东权编写，第 2 章中的野外数据采集和数据传输由黄河水利职业技术学院师军良编写，第 2 章中的内业数字成图由武汉电力职业技术学院成晓芳编写，第 3 章由黄河水利职业技术学院张丹编写，第 4 章由江西环境工程职业学院王炎与赣州赣南测绘院邹绍良合作编写，第 5 章由江西应用技术职业学院金国钢、明东权与赣州市城市规划勘测设计研究院陈元增合作编写。

本书由教育部测绘地理信息职业教育教学指导委员会组织编写并审定大纲，我们对参加审定的专家表示感谢。

本书在编写过程中，参阅了大量文献，并引用了其中的一些资料，在此谨向有关作者及单位表示感谢！

由于作者水平有限，书中难免存在不少缺点和错误，恳请读者批评指正。

编　者
2013 年 4 月

目　　录

第1章 数字测图概述

【教学目标】

通过本章学习，要求掌握数字测图概念和数字测图系统，掌握数字测图的特点、作业过程和作业模式，了解数字测图的发展应用。

1.1 数字测图概念

1.1.1 数字测图的定义

电子技术、计算机技术、通信技术的迅猛发展，使人类进入了一个全新的时代——信息时代。数字技术作为信息时代的平台，是实现信息采集、存储、处理、传输和再现的关键。数字技术也对测绘科学产生了深刻的影响，改变了传统的地形测图方法，使测图领域发生了革命性的变化，从而产生了一种全新的地形测图技术——数字测图。

利用全站仪、GPS-RTK 接收机等测量仪器进行野外数据采集，或利用纸质图扫描数字化及利用航测像片、遥感影像数字化进行室内数据采集，并把采集到的地形数据传输到计算机，由数字成图软件进行数据处理，形成数字地形图的过程，称为数字测图。

广义的数字测图包括全野外数字测图、地形图扫描数字化、航空摄影测量数字成图和遥感数字成图。狭义的数字测图指全野外数字测图。

1.1.2 数字测图的基本思想

传统的地形测图实质上是将用光学测量仪器获得的观测值用图解的方法转化为图形。这一转化过程主要在野外实现，即使原图的室内整饰也要求在测区驻地完成，因此劳动强度较大；同时这个转化过程将使测得的数据所达到的精度大幅度降低。特别是在信息剧增、建设日新月异的今天，一纸之图已难以承载诸多图形信息，变更、修改也极不方便，实在难以适应当前经济建设的需要。

数字测图就是要实现丰富的地形信息和地理信息数字化及作业过程的自动化，尽可能缩短野外测图时间，减轻野外劳动强度，而将大部分作业内容安排到室内去完成。与此同时，将大量手工作业转化为电子计算机控制下的机助操作，这样不仅能减轻劳动强度，而且不会降低观测精度。

数字测图的基本思想是将地面上的地形和地理要素（或称模拟量）转换为数字量，然后由电子计算机对其进行处理，得到内容丰富的电子地图，需要时由图形输出设备（如显示器、绘图仪）输出地形图或各种专题图图形。

1.1.3 数字测图的采集信息

一切地图图形都可以分解为点、线、面三种图形要素。点是最基本的图形要素，这是因为一组有序的点可连成线，而线可以构成面。但要准确地表示地图图形上点、线、面的具体内容，还要借助于一些特殊符号、注记来表示。独立地物可以由定位点及其符号表示，线状地物、面状地物由各种线划、符号或注记表示，等高线由高程值表达其意义。

测量的基本工作是测定点位。传统方法是用仪器测量水平角、竖直角及距离来确定点位，然后绘图员按照角度与距离将点展绘到图纸上。跑尺员根据实际地形向绘图员报告测的是什么点（如房角点），这个（房角）点应该与哪个（房角）点连接等，绘图员则当场依据展绘的点位按图式符号将地物（房屋）描绘出来。通过这样一点一点地测与绘，一幅地形图就生成了。

数字测图是经过计算机软件自动处理（自动计算、自动识别、自动连接、自动调用图式符号等），自动绘出所测的地形图。因此，数字测图必须采集绘图信息。

数字测图采集的绘图信息包括点的定位信息、连接信息和属性信息。

定位信息也称点位信息，是利用仪器在外业测量中测得的，最终以 X、Y、$Z(H)$ 表示的三维坐标。点号在测图系统中是唯一的，根据它可以提取点位坐标。连接信息是指测点的连接关系，它包括连接点号和连接线型，据此可将相关的点连接成一个地物。上述两种信息皆称为图形信息，又称为几何信息。利用这些几何信息可以绘制房屋、道路、河流、地类界、等高线等图形。

属性信息又称为非几何信息，包括定性信息和定量信息。属性的定性信息用来描述地图图形要素的分类或对地图图形要素进行标名，一般用拟定的特征码（或称地形编码）和文字表示。有了特征码就知道它是什么点，对应的图式是什么。属性的定量信息是说明地图要素的性质、特征或强度的，例如面积、楼层、人口、产量、流速等，一般用数字表示。

野外测量时，知道测的是什么，是房屋还是道路等，当场记下该测点的编码和连接信息。显示成图时，利用测图系统中的图式符号库，只要知道编码，就可以从库中调出与该编码对应的图式符号成图。也就是说，如果测得点位，又知道该测点应与哪个测点相连，还知道它们对应的图式符号，那么就可以将所测的地形图绘出来了。这一少而精、简而明的测绘系统工作原理，正是由系统编码、图式符号连接信息——对应的设计原则所实现的。

1.1.4 数字测图的数据格式

地图图形要素按照数据获取和成图方法的不同，可区分为矢量数据和栅格数据两种数据格式。矢量数据采用定位信息(x, y)的有序集合来描述点、线、面三种基本类型的图形元素，并结合属性信息实现地形元素的表述；栅格数据是将整个绘图区域划分成一系列大小一致的栅格，形成栅格数据矩阵，按照地理实体是否通过或包含某个栅格，使其以不同的灰度值表示，从而形成不同的图像。由野外直接采集、解析测图仪或数字化仪采集的数据是矢量数据，由扫描仪扫描或遥感所获影像的数据是栅格数据。

矢量数据结构是人们最熟悉的图形数据结构，从测定地形特征点位置到线划地形图中各类地物的表示以及各类数字图的工程应用基本上都使用矢量格式数字图，而栅格格式的数字图，存在不能编辑修改、不便于工程量算、放大输出时图形不美观等问题，而且一般情况下，同样大小的区域，栅格格式成果质量难以保证，因此数字测图通常采用矢量数据格式。若采集的是数据是栅格数据，必须将其轮换为矢量数据；而且，由计算机输出的矢量图形不仅美观，而且更新方便，应用非常广泛。

1.2 数字测图系统

1.2.1 数字测图系统的定义

数字测图是通过数字测图系统来实现的。数字测图系统是以计算机为核心，在输入、输出设备硬件和软件的支持下，对地形空间数据进行采集、处理、绘图和管理的测绘系统。

1.2.2 数字测图系统的组成

数字测图系统是指实现数字测图功能的所有元素的集合。广义地讲，数字测图系统是硬件、软件、人员和数据的总和。

1. 数字测图系统的硬件

数字测图系统的硬件主要有两大类：测绘仪器硬件和计算机硬件。前者指用于外业数据采集的各种测绘仪器，如全站仪、GPS-RTK 接收机等；后者包括用于内业处理的计算机及其外设，如显示器、打印机等，以及图形外设，如用于录入已有图形的数字化仪、扫描仪和用于输出纸质地形图的绘图仪。另外，实现外业记录和内、外业数据传输的电子手簿则可能是测绘仪器的一个部分，也可能是某种掌上电脑开发出的独立产品。下面简单介绍它们的功能及其在数字测图系统中的地位和作用。

1）计算机

计算机是数字测图系统中不可替代的主体设备。它的主要作用是运行数字化成图软件，连接数字测图系统中的各种输入输出设备。

计算机硬件由中央处理器（CPU）、内存储器、输入设备、输出设备、总线等几部分组成，每一部件分别按要求执行特定的基本功能。

按照其体积的大小，计算机一般可以分为台式机、笔记本电脑和掌上电脑。就目前的情况来看，笔记本电脑与台式机在功能上已没有太大的差别。掌上电脑（PDA）是新发展起来的一种性能优越的随身电脑，它的便携带、长待机、笔式输入、图形显示等特点，有效解决了数字测图野外数据采集中的诸多问题。

2）全站仪

全站仪是全站型电子速测仪的简称，是随着电子技术、光电测距技术以及计算机技术的发展而产生的智能测量仪器，它由光电测距仪、电子经纬仪和微处理器组成。

全站仪能同时进行角度测量和距离测量。角度测量能同时观测水平角和竖直角，距离测量能同时观测斜距、平距和高差。角度测量采用电子测角原理，距离测量采用光电测量技术。全站仪同时具备自检与改正、大容量内存、双向传输功能等特性，并在内存中存储了一些测量计算程序，可实时完成有关计算和实施一些常用或特殊的测量工作。

全站仪的详细介绍和操作使用在后续内容中讲述。

3）数字化仪

数字化仪是数字测图系统中的一种图形录入设备。它的主要功能是将图形转化为数据，所以有时它又称为图数转换设备。在数字化成图工作中，对于已经用传统方法施测过地形图的地区，只要已有地形图的精度和比例尺能满足要求，就可以利用数字化仪将已有的地形图输入到计算机中，经编辑、修补后生成相应的数字地形图。

4）扫描仪

扫描仪是以栅格方式实现图数转换的设备。所谓栅格方式，就是以一个虚拟的格网对图形进行划分，然后对每个格网内的图形按一定的规则进行量化。每一个格网叫做一个像元或像素。所以，栅格方式的数字化结果的基本形式是以栅格矩阵的形式出现的。

实际应用时，扫描仪得到的是栅格矩阵的压缩格式，扫描仪一般都支持多种压缩格式（如 BMP、TIF、PCX 等），用户可根据自己的需要进行选择。数字测图系统中对栅格数据的处理主要有两种方式：一种是利用矢量化软件将栅格形式的数据转换为矢量形式，再供给数字化成图软件使用；另一种是在数字测图系统软件中直接支持栅格形式的数据。目前，国内的数字测图系统还未见有直接支持栅格数据的，因此实际工作中基本上都采用前一种处理方式。

5）绘图仪

绘图仪是数字测图系统中一种重要的图形输出设备——输出"纸质地形图"，又称"可视地形图"或数字地形图的"硬拷贝"。在数字测图系统中，尽管能得到的数字地形图，且数字地形图具有很多优良的特性，但纸质地形图仍然是不可替代的。这一方面是人们的习惯，另一方面则是在很多情况下纸质地形图使用更方便。另外，利用数字地形图得到的回放图也是数字地形图质量检查的一个基本依据。因此，在数字地形图编辑好以后，一般都要在绘图仪上输出纸质地形图。

6）GPS 接收机

GPS（Global Positioning System）即全球定位系统，是由美国建立的一个卫星导航定位系统。利用该系统，用户可以在全球范围内全天候、连续、实时地三维导航定位和测速，可以进行高精度的时间传递和高精度的精密定位。GPS 主要由空间部分（GPS 卫星星座）、地面控制部分（地面监控系统）、用户设备部分（GPS 信号接收机）三部分组成。

GPS 卫星发射测距信号和导航电文，导航电文中含有卫星的位置信息。用户用 GPS 接收机在某一时刻同时接收 3 颗以上的 GPS 卫星信号，测量出测站点（GPS 接收机天线中心）到 GPS 卫星的距离并解算出该时刻 GPS 卫星的空间坐标，据此利用距离交会法解算出地面点的三维坐标。

实时动态（RTK）测量技术，是以载波相位测量为根据的实时差分测量技术，是 GPS

测量技术发展中的一个新突破。它是将一台 GPS 接收机安置在基准站上，对所有可见的 GPS 卫星进行连续观测，并将其观测数据通过无线电传输设备，实时地发送给用户观测站。用户接收机在进行 GPS 观测的同时，实时地计算并显示用户站的三维坐标及其精度。RTK 测量系统为 GPS 测量工作的可靠性和高效率提供了保障，使 GPS 在测绘行业的应用更加广阔。

7）电子手簿

电子手簿是数字测图系统中连接外业工作和内业工作的一道桥梁，它的主要作用是：在外业与全站仪连接，记录观测数据并做必要处理，在内业与计算机连接，将记录数据传入计算机，供进一步处理。

数字测图使用的电子手簿可以是全站仪原配套的电子手簿或内存，也可以是用掌上电脑（PDA）开发的与数字化成图软件相配套的电子手簿。目前，由于全站仪的内存容量和数据的存取功能已经能够满足数字测图的需要，实际作业一般直接利用全站仪内存作为记录手簿。

2. 数字测图系统的软件

从一般意义上讲，数字测图系统中的软件包括为完成数字化成图工作用到的所有软件，即各种系统软件（如操作系统 Windows XP）、支撑软件（如计算机辅助设计 AutoCAD）和实现数字化成图功能的应用软件（如南方测绘的 CASS 成图软件）。

数字成图软件是数字测图系统中一个极其重要的组成部分，软件的优劣直接影响数字测图系统的效率、可靠性、成图精度和操作的难易程度。选择一种成熟的、技术先进的数字测图软件是进行数字测图工作必不可少的关键问题。

目前，市场上比较成熟的数字成图软件主要有如下几种：

（1）广州南方测绘公司的"南方 CASS 数字化地形地籍成图系统"。

（2）北京清华山维公司的"EpsW 全息测绘系统"。

（3）武汉瑞得信息工程公司的"数字测图系统 RDMS"。

（4）北京威远图公司的"CitoMap 地理信息数据采集"。

3. 数字测图系统的人员与数据

数字测图系统人员是指参与完成数字测图任务的所有工作与管理人员。数字测图对人员提出了较高的技术要求，他们应该是既掌握现代测绘技术又具有一定计算机操作和维护经验的综合性人才。

数字测图系统中的数据主要指系统运行过程中的数据流，包括：采集（原始）数据、处理（过渡）数据和数字地形图（产品）数据。采集数据可能是野外测量与调查结果（如碎部点坐标、地物属性等），也可能是内业直接从已有的纸质地形图或图像数字化或矢量化得到的结果（如地形图数字化数据和扫描矢量化数据等）。处理数据主要是指系统运行中的一些过渡性数据文件。数字地形图数据是指生成的数字地形图数据文件，一般包括空间数据和非空间数据两大部分，有时也考虑时间数据。数字测图系统中数据的主要特点是结构复杂、数据量庞大。

1.3 数字测图特点

从应用角度来看，数字测图技术与传统测图技术相比较，具有以下几个方面的特点：

1.3.1 过程的自动化

传统测图方式主要是手工作业，外业测量人工记录，人工绘制地形图，为用图人员提供晒蓝图纸。数字测图则是野外测量自动记录、自动计算处理、自动成图、自动绘图，并向用图者提供可处理的数字地图，实现了测图过程的自动化。数字测图具有效率高，劳动强度小，错误(读错、记错、展错)概率小，所绘地形图精确、美观、规范等特点。地面数字测图的外业工作和白纸测图工作相比，具有以下一些特点：

(1)白纸测图在外业基本完成地形原图的绘制，地形测图的主要成果是以一定比例尺绘制在图纸或薄膜上的地形图。地形图的质量除点位精度外，往往和地形图的手工绘制有关。地面数字测图在野外完成观测，记录观测值是点的坐标和信息码。不需要手工绘制地形图，这是地形测量的自动化程度得到明显的提高。

(2)白纸测图先完成图根加密，按坐标将控制点和图根点展绘在图纸上，然后进行地形测图。地面数字测图工作的地形测图和图根加密可同时进行，即使在记录观测点坐标的情况下也可在未知坐标的测站点上设站，利用电子手簿测站点的坐标计算功能，观测计算测站点的坐标后，即可进行碎部测量。例如采用自由设站方法，通过对几个已知点进行方向和距离的观测，即可计算测站点的精确坐标。

(3)地面数字测图主要采用极坐标法测量地形点，根据红外测距仪的观测精度，在几百米距离范围内误差均在 1 cm 左右，因此在通视良好、定向边较长的情况下，地形点到测站点的距离可以放长。

(4)白纸测图是以图板，即一幅图为单元组织施测。这种规则地划分测图单元的方法往往给图边测图造成困难。地面数字测图在测区内部不受图幅的限制，作业小组的任务可按照河流、道路的自然分界来划分，以便于地形测图的施测，也减少了很多白纸测图的接边问题。

(5)数字测图按点的坐标绘制地图符号，要绘制地物轮廓就必须有轮廓特征点的全部坐标。虽然一部分规则轮廓点的坐标可以用简单的距离测量间接计算出来，地面数字测图直接测量地形点的数目仍然比常规测图有所增加。在白纸测图中，作业员可以对照实地用简单的几何作图绘制一些规则的地物轮廓，用目测绘制细小的地物和地貌形状。而地面数字测图对需要表示的细部也必须立尺测量。地面数字测图地物位置的绘制是直接通过测量计算的坐标点来完成的，因此数字测图的立尺位置选择更为重要。

(6)数字测图突破了"图"的概念，而突出"数"的概念。在数字化测图过程中，不受平板仪测量中某些传统观念的约束。例如，方格网在平板仪测量时是一切点位的基础，而在数字测图中，任何点位都是与方格网无关的，可以根本不需展绘方格网，展绘了也只是一般的符号，仅供使用者使用。又如测定碎部点时，有些方法(如对称点法和导线法)在图解测图时是不能引用的，但在数字化测图中却可广泛使用而提高工作效率。另外，由于数字测图系统中提供了很强的图形编辑功能，在测绘一些规划规则的建筑小区时，虽然多栋房屋采用了同一设计图纸，白纸测图时也需要逐栋详细测绘，而利用数字测图时，只需详细测绘其中一栋房屋，其他房屋只需精确测定 1~2 个定位点，在编辑成图时将详细测绘的房屋拷贝到各栋房屋的定位点上即可。

1.3.2 产品的数字化

传统白纸测图的主要产品是纸质地形图，而数字测图的主要产品是数字地图。数字地图具有以下主要优点：

(1)便于成果更新。数字测图的成果是以点的定位信息和属性信息存入计算机，当实地有变化时，只需输入变化信息的坐标、代码，经过编辑处理，很快便可以得到更新的图，从而可以确保地面的可靠性和现势性，数字测图可谓"一劳永逸"。

(2)避免因图纸伸缩产生的各种误差。表示在图纸上的地图信息随着时间的推移，会因图纸的变形而产生误差。数字测图的成果以数字信息保存，避免了对图纸的依赖性。

(3)便于传输和处理，并可供多个用户同时使用。计算机与显示器、打印机联机时，可以显示或打印各种需要的资料信息，如用打印机可打印数据表格，当对绘图精度要求不高时，可用打印机打印图形。计算机与绘图仪联机，可以绘制出各种比例尺的地形图、专题图，以满足不同用户的需要。

(4)方便成果的深加工利用。数字测图分层存放，可使地面信息无限存放（这是模拟图无法比拟的优点），不受图面负载量的限制，从而便于成果的深加工利用，拓宽测绘工作的服务面，开拓市场。比如 CASS 软件中共定义 26 个层(用户还可根据需要定义新层)，房屋、电力线、铁路、植被、道路、水系、地貌等均存于不同的层中，通过关闭层、打开层等操作来提取相关信息，便可方便地得到所需的测区内各类专题图、综合图，如路网图、电网图、管线图、地形图等。又如在数字地籍图的基础上，可以综合相关内容，补充加工成不同用户所需要的城市规划用图、城市建设用图、房地产图以及各种管理用图和工程用图。

(5)便于建立地图数据库和地理信息系统(GIS)。地理信息系统(GIS)具有方便的空间信息查询检索功能、空间分析功能以及辅助决策功能，这些功能在国民经济、办公自动化及人们日常生活中都有着广泛的应用。然而，要建立一个 GIS，花在数据采集上的时间和精力约占整个工作的 80%。GIS 要发挥辅助决策的功能，需要现势性强的地理信息资料。数字测图能提供现势性强的地理基础信息，经过一定的格式转换，其成果即可直接进入 GIS 的数据库，并更新 GIS 的数据库。一个好的数字测图系统应该是 GIS 的一个子系统。

(6)便于成果的使用。数字测图成果可以方便地传输到 AutoCAD 等软件设计系统中，能自动提取点位坐标、线段长度、直线方位和地块面积等有关信息，以便工程设计部门进行计算机辅助设计。

总之，数字地图从本质上打破了纸质地形图的种种局限，赋予地形图以新的生命力，提高了地形图的自身价值，扩大了地形图的应用范围，改变了地形图使用的方式。

1.3.3 成果的高精度

众所周知，白纸测图是模拟测图方法，其比例尺精度决定了图的最高精度，无论所采用的测量仪器精度多高，测量方法多精确，都无济于事。例如 1：1 000 的地形图，比例尺精度以图上 0.1mm 计，则最好的精度也只能达到 10cm，图经过蓝晒、搁置，到用户手里，用图的误差就更大了。若再考虑测量方法的误差，一般也可达到图上 0.3mm 左右。总体上讲，白纸测图还适应当时的仪器发展和测量科技水平，如对 1：1 000 的图采用视距测量，视距精度就是 20～30cm，与比例尺精度大致匹配。如测图比例尺再小，则视距读数的精度还可以放宽。而对 1：500 的图，在精度要求较高的地方，如房屋建筑等，视距的精度就不够，要用钢尺或皮尺量距，用坐标展点。普及红外测距仪以后，测距精度大大提高，为厘米级精度，而白纸测图的成果——模拟图或称图解地形图，却体现不出仪器测量精度的提高，而是被图解地形图的比例尺精度限制住了；若采用全站仪(全站型电子速测仪)测量，仍使用白纸测图方式测图，则更是极大的浪费。

数字测图则不然，全站仪测量的数据作为电子信息，可自动传输、记录、存储、处理、成图、绘图。在这全过程中，原始测量数据的精度毫无损失，从而获得高精度(与仪器测量同精度)的测量成果。数字地形图最好地(无损地)体现了外业测量的高精度，也就是最好地体现了仪器发展更新、精度提高的高科技进步的价值。它不仅适应当今科技发展的需要，也适应现代社会科学管理的需要，如地籍测量、管网测量、房产测量等，既保证了高精度，又提供了数字化信息，可以满足建立各专业管理信息系统的需要。

1.4 数字测图的作业过程

数字测图的作业过程与使用的设备和软件、数据源及图形输出的目的有关。但不论是测绘地形图，还是制作种类繁多的专题图、行业管理用图，只要是测绘数字图，都必须包括数据采集、数据处理和成果输出三个基本阶段。数字测图的作业过程如图 1.1 所示。

1.4.1 数据采集

地形图、航测像片、遥感影像、图形数据、野外测量数据及地理调查资料等，都可以作为数字测图的信息源。数据资料可以通过键盘或转储的方法输入计算机；图形和图像资料一定要通过图数转换装置转换成计算机能够识别和处理的数据。

数字测图数据采集可通过全站仪数据采集、GPS-RTK 接收机数据采集、原图数字化、航测像片数据采集、遥感影像数据采集等方法实现。

1.4.2 数据处理

实际上，数字测图的全过程都是在进行数据处理，但这里讲的数据处理阶段是指在数据采集以后到图形输出之前对图形数据的各种处理。数据处理主要包括数据传输、数据预处理、数据转换、数据计算、图形生成、图形编辑与整饰、图形信息的管理与应用等。数据预处理包括坐标变换、各种数据资料的匹配、图形比例尺的统一、不同结构数据的转换

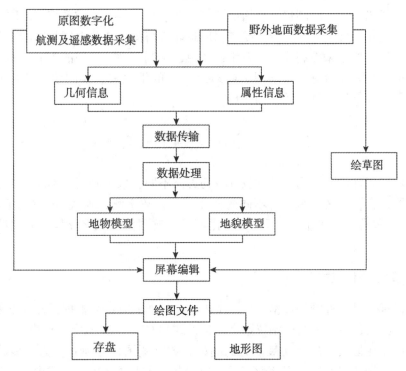

图 1.1　数字测图的作业过程

等。数据转换内容很多，如将野外采集到的带简码的数据文件或无码数据文件转换为带绘图编码的数据文件，供自动绘图使用；将 AutoCAD 的图形数据文件转换为 GIS 的交换文件。数据计算主要是针对地貌关系的。当数据输入到计算机后，为建立数字地面模型绘制等高线，需要进行插值模型建立、插值计算、等高线光滑处理三个过程的工作。在计算过程中，需要给计算机输入必要的数据，如插值等高距、光滑的拟合步距等。必要时需对插值模型进行修改，其余的工作都由计算机自动完成。数据计算还包括对房屋类呈直角拐弯的地物进行误差调整，消除非直角化误差等。

经过数据处理后，可产生平面图形数据文件和数字地面模型文件。要想得到一幅规范的地形图，还要对数据处理后生成的"原始"图形进行修改、编辑、整理；还需要加上汉字注记、高程注记，并填充各种面状地物符号；还要进行测区图形拼接、图形分幅和图廓整饰等。数据处理还包括对图形信息的全息保存、管理与使用等。

数据处理是数字测图的关键阶段。在数据处理时，既有对图形数据进行交互处理，也有批处理。数字测图系统的优劣取决于数据处理的功能。

1.4.3　成果输出

经过数据处理以后，即可得到数字地图，也就是形成一个图形文件，由磁盘或磁带做永久性保存。也可以将数字地图转换成地理信息系统所需的图形格式，用于建立和更新 GIS 图形数据库。输出图形是数字测图的主要目的，通过对层的控制，可以编制和输出各种专题地图(包括平面图、地籍图、地形图、管网图、带状图、规划图等)，以满足不同用户的需要。可采用矢量绘图仪、栅格绘图仪、图形显示器、缩微系统等绘制或显示地形图图形。为了使用方便，往往需要用绘图仪或打印机将图形或数据资料输出。在用绘图仪输出图形时，还可按层来控制线划的粗细或颜色，绘制美观、实用的图形。如果以生产出版原图为目的，可采用带有光学绘图头或刻针(刀)的平台矢量绘图仪，它们可以产生带有线划、符号和文字等高质量的地图图形。

1.5 数字测图的作业模式

由于使用的硬件设备不同、软件设计者的思路不同，数字测图有不同的作业模式。就目前数字测图而言，可区分为五种不同的作业模式：数字测记模式(简称测记式)、电子平板测绘模式(简称电子平板)、原图数字化模式、航测像片数字化模式和遥感影像数字化模式。

1.5.1 数字测记模式

数字测记模式是一种野外数据采集、室内成图的作业方法。根据野外数据采集硬件设备的不同，可将其进一步分为全站仪数字测记模式和 GPS-RTK 数字测记模式。

全站仪数字测记模式是目前最常见的测记式数字测图作业模式，为大多数软件所支持。该模式是用全站仪实地测定地形点的三维坐标，并用内存储器(或电子手簿)自动记录观测数据，然后将采集的数据传输给计算机，由人工编辑成图或自动成图。采用全站仪时，由于测站和镜站的距离可能较远(1km 以上)，测站上很难看到所测点的属性和与其他点的连接关系，通常使用对讲机保持测站与镜站之间的联系，以保证测点编码(简码)输入的正确性，或者在镜站手工绘制草图，并记录测点属性、点号及其连接关系，供内业绘图使用。

GPS-RTK 数字测记模式是采用 GPS 实时动态定位技术，实地测定地形点的三维坐标，并自动记录定位信息。采集数据的同时，在移动站输入编码、绘制草图或记录绘图信息，供内业绘图使用。目前，移动站的设备已高度集成，接收机、天线、电池与对中杆集于一体，重量仅几千克，使用和携带很方便。使用 GPS-RTK 采集数据的最大优势是不需要测站和碎部点之间通视，只要接收机与空中 GPS 卫星通视即可，且移动站与基准站的距离在 20km 以内可达厘米级的精度(如果采用网络传输数据则不受距离的限制)。实践证明，在非居民区、地表植被较矮小或稀疏区域的地形测量中，用 GPS-RTK 比全站仪采集数据效率更高。

1.5.2 电子平板测绘模式

电子平板测绘模式就是"全站仪+便携机+相应测绘软件"实施的外业测图模式。这种模式用便携机(笔记本电脑)的屏幕模拟测板在野外直接测图，即把全站仪测定的碎部点实时地展绘在便携机屏幕上，用软件的绘图功能边测边绘。这种模式在现场就可以完成绝大多数测图工作，实现数据采集、数据处理、图形编辑现场同步完成，外业即测即所见，外业工作完成了图也就绘制出来了，实现了内外业一体化。但该方法存在对设备要求较高、便携机不适应野外作业环境（如供电时间短、液晶屏幕光强看不清等）等主要缺陷，目前主要用于房屋密集的城镇地区的测图工作。

电子平板测绘模式按照便携机所处位置，可分为测站电子平板和镜站遥控电子平板。测站电子平板是将装有测图软件的便携机直接与全站仪连接，在测站上实时地展点，观察测站周围的地形，用软件的绘图功能边测边绘。这样可以及时发现并纠正测量错误，图形的数学精度高。不足之处是测站电子平板受视野所限，对碎部点的属性和碎部点间的连接关系不易判断准确。而镜站遥控电子平板是将便携机放在镜站，使手持便携机的作业员在跑点现场指挥立镜员跑点，并发出指令遥控驱动全站仪观测（自动跟踪或人工照准），观测结果通过无线传输到便携机，并在屏幕上自动展点。电子平板在镜站现场能够"走到、看到、绘到"，不易漏测，便于提高成图质量。

针对目前电子平板测图模式的不足，许多公司研制开发了掌上电子平板测图系统，用基于 Windows CE 的 PDA（掌上电脑）取代便携机。PDA 的优点是体积小、重量轻、待机时间长，它的出现，使电子平板作业模式更加方便、实用。

1.5.3　原图数字化模式

利用平台式扫描仪或滚筒式扫描仪将地图扫描，得到栅格形式的地图数据，即一组阵列式排列的灰度数据（数字影像）。将栅格数据转换成矢量数据即可以充分利用数字图像处理、计算机视觉、模式识别和人工智能等领域的先进技术，可以提供从逐点采集、半自动跟踪到自动识别与提取的多种互为补充的采集手段，具有精度高、速度快和自动化程度高等优点，随着有关技术的不断发展和完善，该方法已经成为地图数字化的主要方法，它适宜于各种比例尺地形图的数字化，对大批量、复杂度高的地形图更具有明显的优势。国内已有许多优秀的矢量化软件，如 GeoScan、CassCAN、MapGIS 等。

1.5.4　航测像片数字化模式

以航空摄影获取的航空像片做数据源，即利用测区的航空摄影测量获得的立体像对，在解析测图仪上或在经过改装的立体量测仪上采集地形特征点，自动转换成数字信息。这种方法工作量小、采集速度快，是我国测绘基本图的主要方法。由于精度原因，在大比例尺（如 1∶500）测图中受到一定限制。目前，该法已逐渐被全数字摄影测量系统所取代。现在国内外已有 20 多家厂商推出数字摄影测量系统，如原武汉测绘科技大学推出的 VirtuoZo，北京测绘科学研究院推出的 JX4A DPW，美国 Intergraph 公司推出的 ImageStation，瑞士 Leica 公司推出的 Helava 数字摄影测量系统等。基于影像数字化仪、计算机、数字摄影测量软件和输出设备构成的数字摄影测量工作站是摄影测量、计算机立体视觉影像理解和图像识别等学科的综合成果，计算机不但能完成大多数摄影测量工作，而且借助模式识别理论，能实现自动或半自动识别，从而大大提高了摄影测量的自动化功能。全数字摄影测量系统大致作业过程为：将影像扫描数字化，利用立体观测系统观测立体模型（计算机视觉），利用系统提供的一系列进行量测的软件——扫描数据处理、测量数据管理、数字走向、立体显示、地物采集、自动提取（或交互采集）DTM（数字地面模型）、自动生成正射影像等软件(其中利用了影像相关技术、核线影像匹配技术)，使量测过程自动化。全数字摄影测量系统在我国迅速推广和普及，目前已基本上取代了解析摄影测量。

1.5.5　遥感影像数字化模式

在航空投影基础上发展起来的遥感技术，具有感测面积大、获取速度快、受地面条件影响小以及可连续进行、反复观察等特点，已成为采集地球数据及其变化信息的重要技术手段，在国民经济建设和国防科技建设等许多领域发挥重要作用。

遥感的物理基础是：不同的物体在一定的温度条件下发射不同波长的电磁波，它们对太阳和人工发射的电磁波具有不同的反射、吸收、透射和散射的特性。根据这种电磁波辐射理论，可以利用各种传感器获得不同物体的影像信息，并达到识别物体大小、类型和属性的目的。

遥感成图是采用综合制图的原理和方法，根据成图的目的，以遥感资料为基础信息源，按要求的分类原则和比例尺来反映与主体紧密相关的一种或几种要素的内容。

1.6　数字测图的发展应用

数字测图首先是由机助地图制图(也称自动化制图)开始的。机助地图制图技术酝酿于 20 世纪 50 年代。1950 年，第一台能显示简单图形的图形显示器作为美国麻省理工学院旋风 1 号计算机的附件问世。1958 年，美国 Calcomp 公司将联机的数字记录仪发展成滚筒式绘图机，Greber 公司把数控机床发展成平台式绘图仪。20 世纪 50 年代末，数控绘图仪首先在美国出现，与此同时出现了第二代、第三代电子计算机，从而促进了机助制图的研究和发展，很快就形成了一种"从图上采集数据进行自动制图"的系统。1964 年，第一次在数控绘图仪上绘出了地图。1965—1970 年，第一批计算机地图制图系统开始运行，用模拟手工制图的方法绘制了一些地图产品。1970—1980 年，在新技术条件下，对机助制图的理论和应用问题，如图形的数学表示和数学描述、地图资料的数字化和数据处理方法、地图数据库、制图综合和图形输出等方面的问题进行了深入的研究，许多国家都建立了软硬件结合的交互式计算机地图制图系统，推动了地理信息的发展。20 世纪 80 年代，进入推广应用阶段，各种类型的地图数据库和地理信息系统相继建立起来，计算机地图制图得到了极大的发展和广泛的应用。20 世纪 70 年代末和 80 年代初，自动制图系统主要包括数字化仪、扫描仪、计算机及显示系统四部分，数字化仪数字化成图成为主要的自动成图方法。

作为数字化测图方法之一的航空摄影测量，起源于 20 世纪 50 年代末期，当时的航空摄影测量都是使用立体测图仪及机械联动坐标绘图仪，采用模拟法测图原理，利用航测像对测绘出线划地形图。到 20 世纪 60 年代，出现了解析测图仪，它由精密立体坐标仪、电子计算机和数控绘图仪三个部分组成，将模拟测图创新为解析测图，其成果依然是图解地图。20 世纪 80 年代初，为了满足数字测图的需要，我国在生产、使用解析绘图仪的同时，将原有模拟立体量测仪和立体坐标量测仪逐渐改装成数字绘图仪，将量测的模拟信息经过编码器转换为数字信息，由计算机接受并处理，最终输出数字地形图。20世纪80年代末、90年代初，又出现了全数字摄影测量系统。全数字摄影测量系统作业过程大致如下：将影像扫描数字化，利用立体观测系统观测立体模型(计算机视觉)，利用系统提供的扫描数据处理、测量数据管理、数字定向、立体显示、地物采集、自动提取DTM、自动生成正射影像等一系列量测软件，使量测过程自动化。全数字摄影测量系统在我国迅速推广和普及，目前已基本取代了解析摄影测量。

大比例尺地面数字测图是在20世纪70年代轻小型、自动化、多功能的电子速测仪问世后，在机助制图系统的基础上发展起来的。20世纪80年代，全站型电子速测仪的迅速发展，加速了数字测图的研究与发展。我国从20世纪80年代初开始发展大比例尺数字测图的研究与实践，主要经历了四个阶段。20世纪80年代初到1987年为第一阶段，主要是引进外国大比例尺测图系统的应用与开发及研究阶段。1988—1991年为第二阶段，这一阶段成功研制了数十套大比例尺数字化测图系统，并都在生产中得到应用。1991—1997年为总结、优化和应用推广阶段，提出了一些新的数字化测图方法。1997年后为数字测图技术全面成熟阶段，数字测图系统成为GIS(地理信息系统)的一个子系统，我国测绘事业开始进入数字测图时代。目前，我国地面数字测图(全野外数字化测图)主要采用全站仪数字测记模式，即全站仪外业采集数据，绘制草图或编制编码，内业成图。也有采用"全站仪+便携机(笔记本电脑)"的电子平板测绘模式，即利用笔记本电脑的屏幕模拟测板在野外直接观测，把全站仪测得的数据直接展绘在计算机屏幕上，用软件的绘图功能边测边绘。近些年，随着GPS技术的日臻成熟，GPS-RTK数字测记模式已被广泛地应用于数据采集。GPS-RTK数字测记模式采用GPS实时动态定位技术，实地测定地形点的三维坐标，并自动记录定位信息。GPS-RTK技术的出现，提高了数字测图的效率，GPS-RTK数字测图将成为开阔地区数字化测图的主要方法。而且，随着俄罗斯GLONASS卫星定位系统的逐步完善、欧盟的伽利略全球定位系统和我国的北斗导航卫星定位系统的建立，几种全球定位系统必将联合应用，到那时，GPS-RTK数字测图在城镇测量中将起到巨大的作用。

今后，数字化测图的发展方向应该是一种无点号、无编码的镜站遥控电子平板测图系统。镜站遥控电子平板作业可形成单人测图系统，只要一名测绘员在镜站立对中杆，遥控测站上带伺服马达的全站仪瞄准镜站反光镜，并将测站上测得的三维坐标用无线电传输到电子平板(便携机)，自动展点和注记高程，绘图员实时地把展点的空间关系在电子平板上描述出来。这种测图模式需要数据无线通信设备及带伺服马达的全站仪，对设备技术及质量要求比较高，但无疑是今后一种发展方向。

近几年又出现了视频全站仪和三维激光扫描仪等快速数据采集设备，使快速测绘数字景观图成为可能。通过在全站仪上安装数字相机(视频全站仪)的方法，可在对被测目标进行摄影的同时，测定相机的摄影姿态，再经过计算机对数字影像处理，得到数字地形图或数字景观图；利用三维激光扫描仪，通过空中或地面激光扫描获取高精度地表及构筑物三维坐标，经过计算机实时或事后对三维坐标及几何关系的处理，得到数字地形图或数字景观图。这种快速测绘数字景观的成图模式可能成为今后建立数字城市的主要手段。

◎ 习题和思考题

1. 解释以下名词：数字测图、数字测图系统、几何信息、属性信息、矢量数据、栅格数据。

2. 与传统测图技术相比较，数字测图技术具有哪几个方面的特点？

3. 简述数字测图的作业过程。

4. 数字测图主要有哪几种作业模式？

第2章 数字地形图测绘

【教学目标】

通过本章学习，要求掌握全站仪的仪器安置、参数设置、距离测量、角度测量及坐标测量的方法，熟练操作全站仪并进行野外数据采集；掌握 GPS-RTK 的工作原理及系统组成，熟练运用 GPS-RTK 进行图根控制和数据采集；掌握野外数据采集属性的处理方法和常见地物的数据采集方法；掌握南方 CASS9.0 数字成图软件的安装及界面，掌握南方 CASS9.0 数字成图软件平面图绘制、等高线绘制及图幅整饰和绘图输出的方法，并能够熟练运用南方 CASS9.0 数字成图软件绘制一幅完整的地形图，并打印输出。

2.1 野外数据采集

目前，大比例尺数字地形图测绘主要采用全站仪和 GPS-RTK 进行野外数据采集。全站仪主要用在建筑物稠密的地区，GPS-RTK 主要用在相对空旷地区；将全站仪和 GPS-RTK 两者结合，更能提高作业效率。

2.1.1 全站仪野外数据采集

1. 全站仪概述及操作

1) 全站仪概述

全站仪，即全站型电子速测仪(Electronic Total Station)，它是集水平角、垂直角、距离(斜距、平距)、高差测量功能于一体的测绘仪器系统，由于只需要一次安置仪器就可完成该测站上全部测量工作，所以称为全站仪。

从电子经纬仪和测距仪构成的组合式全站仪，到较为普遍的常规全站仪(具备全站仪电子测角、电子测距和数据自动记录等基本功能)，到机动型全站仪(可自动驱动全站仪照准部和望远镜的旋转)，到免棱镜全站仪(在无反射棱镜的条件下，可对一般的目标直接测距的全站仪)，再到智能型全站仪(在相关软件的控制下，在无人干预的条件下可自动完成多个目标的识别、照准与测量，又称为"测量机器人")，全站仪越来越智能化、人性化，功能也越来越齐全，几乎可以用在所有的测量领域。

目前，全站仪的品牌主要有：瑞士莱卡(Leica)公司生产的 TC 系列全站仪；日本拓普康(TOPCON)公司生产的 GTS 系列、GPT 系列，索佳(SOKKIA)公司生产的 SET 系列全站仪，尼康(NIKON)公司生产的 DTM 系列，宾得(PENTAX)公司生产的 PTS 系列全站仪；美国天宝(Trimble)公司生产的天宝全站仪；我国南方测绘公司生产的 NTS 系列全站仪，苏州第一光学仪器公司生产的 RTS 系列全站仪，北京博飞 BOLF 系列全站仪等。

全站仪主要有角度测量、距离测量、坐标测量、施工放样、悬高测量、对边测量、面积测量、周长测量等功能。在数字地形图测绘中，全站仪主要用于采集野外数据，即全站仪的数据采集(坐标测量)功能。

2)全站仪的结构

全站仪主要有照准部、基座、度盘三大部分组成。图 2.1 所示为拓普康 GTS-335N 全站仪的外形及部件名称。

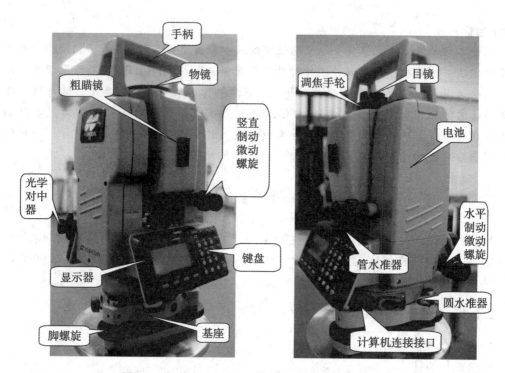

图 2.1　拓普康 GTS-335N 全站仪的外形及部件名称

3)全站仪的技术参数

全站仪的技术参数指标主要有测距精度和测角精度。

(1)测距精度。全站仪测距精度经常用 $m_D = \pm(A + B \times D \mathrm{ppm}) \mathrm{mm}$ 来表示,其中,A 为固定误差,B 为比例误差,D 为所测距离。

(2)测角精度。全站仪按测角精度等级分为四类(《全站型电子速测仪检定规程》JJC100—2003),见表 2.1。

表 2.1　　　　　　　　　　全站仪测角准确度等级分类

仪器等级	I		II		III			IV
标称标准偏差	0.5″	1.0″	1.5″	2.0″	3.0″	5.0″	6.0″	10″
各级标准差范围	$m_\beta \leq 1.0''$		$1.0'' < m_\beta \leq 2.0''$		$2.0'' < m_\beta \leq 6.0''$			$6.0'' < m_\beta \leq 10.0''$

4) 全站仪的使用注意事项

在使用全站仪时，应注意以下几点：

（1）运输仪器时，应有防震垫，或有专人保管，以防震动和冲撞。

（2）旋转照准部时，应匀速旋转，切忌急速转动。

（3）没有滤光片时，不要将望远镜对着太阳，以免损坏内部电子元件。

（4）全站仪若出现故障，应立即停止使用，并将电池取下，找专业人员维修。

（5）应尽量避免在潮湿的下雨天使用全站仪。

（6）高温天气作业时，为保证仪器的使用寿命，应给仪器撑伞，以遮挡直射阳光。

（7）长期不用的仪器应定期通电，一般一月一次，约一个小时，电池也应定期充放电，以保证电池的容量和寿命。

（8）为保证全站仪的精度，作业时，仪器应使用配套的棱镜组，并正确设置好仪器的各项参数，严格按说明书进行操作。

5) 全站仪基本操作

在使用全站仪进行测量时，首先安置好仪器，随后开机，输入参数（温度、气压、仪器高等），接着调用需要的应用程序，即可测量。

下面以拓普康 GTS-335N 全站仪为例，介绍其基本操作。

（1）仪器安置。在测站点上安置好仪器（对中、整平仪器），按下全站仪电源开关【POWER】，转动望远镜，使全站仪进入基本测量状态，按【测距】键进入测距模式，如图 2.2 所示；输入观测参数（按下【F3】键，显示屏幕如图 2.3 所示），在输入观测参数界面下，输入棱镜常数按【F1】键（根据实际常数输入，一般是 0 或+30mm 或 .30mm），输入仪器周围当时的温度、气压，按【F3】键，确定后，按【ESC】键，回到测量界面。

图 2.2　测距模式界面

图 2.3　输入观测参数界面

（2）距离测量。全站仪的测距模式一般有精测模式、跟踪模式、粗测模式三种。精测模式是最常用的测距模式，测量时间约 2.5s，最小显示单位 1mm；跟踪模式常用于跟踪移动目标或放样时连续测距，最小显示一般为 1cm，每次测距时间约 0.3s；粗测模式的测量时间约 0.7s，最小显示单位 1cm 或 1mm。在距离测量或坐标测量时，可根据工程需要选择不同的测距模式。在进行距离测量时，一般步骤为：

①设置棱镜常数。测距前需将棱镜常数输入仪器中，仪器会自动对所测距离进行改正。

②设置大气改正值或气温、气压值。光在大气中的传播速度会随大气的温度和气压而变化，15℃和760mmHg是仪器设置的一个标准值，此时的大气改正为0ppm。实测时，可输入温度和气压值，全站仪会自动计算大气改正值（也可直接输入大气改正值），并对测距结果进行改正。

③量仪器高、棱镜高并输入全站仪。

④距离测量。拓普康GTS-335N距离测量基本操作过程为：在测距界面下，如图2.4所示，按下测量【F1】键，即可测出测站点至目标点的平距（HD），再按【测距】键即可看到斜距（SD）。

图 2.4　测距模式界面

（3）角度测量。全站仪角度测量步骤大致和光学经纬仪相同，只是全站仪测量的角度直接显示在屏幕上，不需要观测者进行估读（大部分全站仪都可设置角度单位和最小读数），且在使用全站仪角度测量时，通过各项固定参数，如温度、气压等信息的输入、输出，可以进行观测误差的改正、有关数据的实时处理。

拓普康GTS-335N全站仪角度测量的基本操作过程如下：

在测站点安置好仪器，在测量界面下，按下角度【ANG】键，显示测角界面屏幕，如图2.5所示。照准观测角的起始边，按下【F1】键置零，顺时针转动照准部至观测角终边照准目标（水平角观测用十字丝横丝切目标底部，竖直角观测用十字丝横丝切目标顶部，十字丝竖丝平分目标或双丝夹住目标）即可得到需要的半测回角值。

在测角界面1（图2.5）中，若按【F3】键，即选择"置盘"，其作用是要求输入水平角起始边的起始角度；若按下【F2】键，即选择"锁定"，其作用是水平角值不随照准部转动而变；若按下【F4】键，即选择"P1"，其作用是翻页，显示测角界面2（图2.6）。

在测角界面2（图2.6）中，若按【F1】键，即选择"H-蜂鸣"，其作用是在照准部处于水平或垂直时仪器蜂鸣提示（发出嘀嘀声）；若按【F2】键，即选择"R/T"，其作用是设置左右角；若按【F3】键，即选择"竖角"，其作用是切换竖直度盘读数显示竖直角或天顶距。

（4）坐标测量。全站仪坐标测量是通过全站仪观测的角度和距离，运用坐标正算的基本原理计算待测点坐标。现在全站仪的种类繁多，但对于坐标测量的操作步骤大同小

图 2.5　测角界面屏幕（第一页）

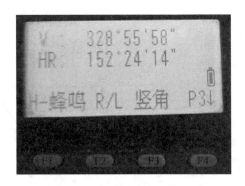

图 2.6　测角界面屏幕（第三页）

异。全站仪坐标测量的主要操作步骤为：

①全站仪初始设置。将测量时测站周围环境的温度和气压，测量模式选择（免棱镜、放射片、棱镜，当使用棱镜时，所用棱镜的棱镜常数），量取的仪器高、目标高等参数输入全站仪。

②建立项目（文件夹）。目前，全站仪存储时，测量的数据一般存储在自己的项目（文件夹）中，以便后续数据处理，有时还可以对自己的项目进行个性化设置。

③建站。建站又称设站，就是让所采集的碎部点坐标归于所采用的坐标系中，即告诉全站仪所测点是在测站点为依据下的相对关系所得。在进行坐标测量时，必须建站。

④坐标测量。在建站基础上，进行"三项检查"，开始碎部点坐标测量。

⑤存储。对采集的碎部点信息（点号、坐标、代码、原始数据）存储在全站仪内存中，也可以存储在掌上通（PDA）中，包括点的点位、属性和连接信息。

以拓普康 GTS-335N 为例，在测站点安置好仪器，在测量界面下，按下菜单键【MENU】，选择"数据采集"，建立"文件"（或建立项目），设置测站（包括输入测站点点号、坐标），设置后视点（输入后视点点号、坐标或起始方位角），三项检查符合限差后即可开始测量。详细步骤见下面全站仪碎部点数据采集内容。

2. 全站仪野外数据采集

1）全站仪图根控制测量

（1）导线法。在利用导线法进行图根控制时，根据导线的构成形式，可分为单一导线和导线网。大比例尺数字测图中一般布设单一导线，单一导线主要有附合导线、闭合导线和支导线三种布设形式。通过全站仪对观测导线相邻边的水平角和距离进行测量，通过平差计算出导线点（控制点）的平面坐标，图根控制点的高程可通过水准测量或三角高程测量的方法获得。

（2）辐射法。辐射法就是在某一通视良好的等级控制上，用极坐标测量方法，按全圆方向观测方式，依次测定周围几个图根控制点（如图 2.7 所示，仪器架设在 C 点，后视 A 点，检测 B 点，依次测算出 1、3 等点的坐标）。这种方法无需平差计算，直接测出坐标。为了保证图根点的可靠性，一般要进行两次观测（另选定向点）。

（3）一步测量法。该方法就是在图根导线选点、埋桩以后，将图根导线测量与碎部

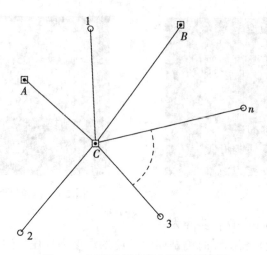

图 2.7　辐射法图根控制测量示意图

测量同时作业，在测定导线后，提取各条导线测量数据，进行导线平差，而后可按新坐标对碎部点进行坐标重算。目前许多测图软件都支持这种作业方法。

一步测量法具体步骤（如图 2.8 所示）如下：

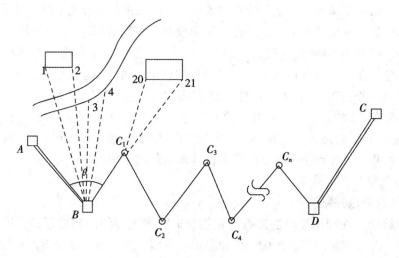

图 2.8　一步测量法示意图

①全站仪安置子 B 点（坐标已知），后视 A 点，前视 C_1 点，用测回法，通过角度和距离测量，得出 C_1 点的坐标。

②仪器不动，后视 A 点作为零方向，直接运用坐标测出测站 B 点周围的 1，2，3，…碎部点的坐标，根据碎部点的坐标、编码及连接信息，显示屏上实时展绘碎部点，并连接成图。

③仪器搬至 C_1 点，此测站点坐标已知（上一站已测出），后视 B 点，用和 C_1 点同样

的测量方法测得下一导线点 C_2 点坐标。紧接着后视 B 点作为零方向，进行本站的碎部点测量，如施测 20，21，…各碎部点点坐标，实时展绘碎部点成图。同理，依次测得各导线点和碎部点坐标。

④待导线测到 C_n 测站，可测得 D 点坐标，记作 D' 点。D' 坐标与 D 点已知坐标之差，即为该附合导线的闭合差。

⑤若闭合差在限差范围之内，则可平差计算出各导线点的坐标。为提高测图精度，可根据平差后的坐标值，重新计算各碎部点的坐标，然后再显示成图。若闭合差超限，想办法找出导线错误之处，返工重测（只重测导线点），直到闭合为止。闭合后，重算碎部点坐标即可成图。

一步测量法对图根控制测量少设一次站，少跑一遍路，提高了外业效率，尤其是使用全站仪测图效果非常明显，但它只适合于数字测图，且注意每一站碎部测量之前，进行"三项检查"。用全站仪及 PA2500、南方 CASS9.0、Excel 进行一步测量的基本步骤是：

将全站仪存储的原始测量数据传输到计算机上（原始测量数据文件扩展名是".HVS"），原始测量数据格式为：

T，测站点，定向点，定向点起始值，仪器高

碎部点点名，编码，水平角，天顶距，斜距，标高

……

END

用 Excel 处理导出导线及测站点碎部点数据，将导线数据进行平差计算，最后用南方 CASS9.0 将原始测量数据转换成坐标数据，展点绘图。

（4）支站。测图时，应尽量利用各级控制点作为测站点，在地物、地貌极其复杂零碎时，要全部在各级控制点上测绘所有的碎部点往往比较困难，因此，除了利用各级控制点外，还要增设测站点，但要切忌用增设测站点做大面积的测图。增设测站点是在控制点或图根点上采用极坐标法、交会法和支导线测定测站点的坐标和高程。用支导线增设测站时，用三联脚架法，既保证了方向传递的精度，又可提高作业效率。数字测图时，测站点的点位精度，相对于附近图根点的中误差不应大于图上 0.2mm，高程中误差不应大于测图基本等高距的 1/6。

2）全站仪野外碎部点数据采集

在使用全站仪采集碎部点点位信息时，因外界条件影响，不可能全部都能直接采集到碎部点点位信息，也不可能对所有碎部点直接采集，工作量大、效率低，因此，必须采用"测、算结合"的方法（在野外数据采集时，利用全站仪通过极坐标的方法采集部分"基本碎部点"，结合勘丈的方法测定出一部分碎部点，再通过运用共线、对称、平行、垂直等几何关系最终测定出所需要的所有碎部点），测定碎部点的点位信息，以便提高作业效率。

下面以拓普康 GTS-335N 全站仪为例，介绍极坐标法采集野外碎部点数据。

（1）仪器安置。在测站点安置好仪器，在测量界面下，按下菜单键【MENU】，屏幕如图 2.9 所示，选择"数据采集"，屏幕如图 2.10 所示。

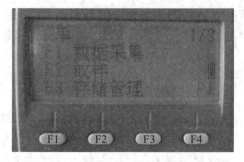

图 2.9　菜单界面

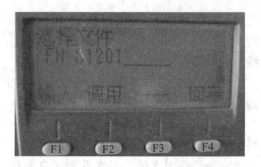

图 2.10　选择输入文件界面

（2）输入数据采集文件名。在如图 2.10 所示的屏幕下，选择"输入"（按【F1】键）显示屏幕如图 2.11 所示，输入数据采集文件名（注：按【F1】键可进行输入字母和数字转换），选择"［ENT］"（按【F4】键），进入建站状态界面，屏幕如图 2.12 所示。

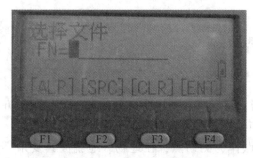

图 2.11　输入文件名界面

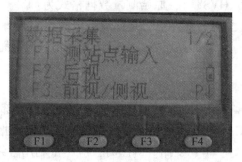

图 2.12　数据采集建站界面

（3）输入测站点数据。在数据采集建站界面（图 2.12）下，选择"测站点输入"，即按【F1】键，屏幕显示测站点设置原始界面，如图 2.13 所示，选择"输入"后，分别输入测站点的点号、测站点代码（可不输）、仪器高，选择"坐标"（按【F3】键），输入测站点坐标（N，E，Z）后，屏幕显示如图 2.14 所示，选择"记录"（按【F3】键），屏幕返回到数据采集界面（图 2.12），若全站仪内存中已经有此点号，会提示"是否覆盖？"，确定后，屏幕返回到数据采集界面。

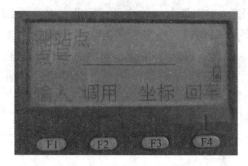

图 2.13　站点设置原始界面

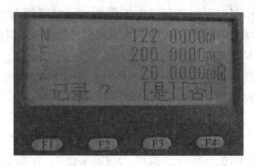

图 2.14　测站坐标记录界面

（4）输入后视点数据。在数据采集界面下，按【F2】键进入后视点（定向点）数据设置状态，屏幕显示如图 2.15 所示。选择"后视"（按【F4】键），屏幕显示如图 2.16 所示，即要输入后视点坐标或定向角。若全站仪内存中有测站点坐标，可以在图 2.16 所示的屏幕下直接选择"调用"，核对坐标无误后直接确定，随之输入编码和棱镜高；若全站仪自中没有测站坐标，继续按【F3】键，屏幕显示如图 2.17 所示，输入后视点坐标后回车，随之输入编码和棱镜高；若不知道后视点坐标，但是后视点起始方位角已知，可在图 2.17 所示的屏幕下选择"AZ"（按【F3】键），即可直接输入起始方位角。

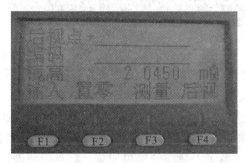
图 2.15 后视点设置初始界面 1

图 2.16 后视设置界面 2

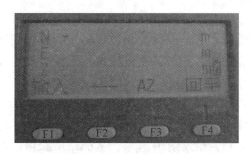
图 2.17 后视设置界面 3

图 2.18 后视点检查界面

（5）定向。当测站点数据和后视点数据输入完成后，选择"测量"（按【F3】键），屏幕如图 2.18 所示，照准后视点，继续按【F3】键，进入坐标测量，检查后视点精度，在限差满足条件下记录，屏幕返回数据采集界面。

（6）侧视点测量检查。在数据采集界面下，按【F3】键选择"侧视点测量检查"，照准目标（棱镜），屏幕如图 2.19 所示，依次输入点号、编码、目标高（镜高），选择"测量"（按【F3】键），屏幕如图 2.20 所示，选择某一测量方式开始测量，测量结束后，检查精度是否符合要求，屏幕又返回到图 2.19 所示界面。

（7）碎部测量。若符合限差，即可在图 2.20 所示的屏幕下开始碎部点测量了，按测量键【F3】或按【F4】键进行碎部点测量、记录。

2.1.2 GPS-RTK 野外数据采集

目前，因 GPS-RTK 测量快捷、方便、精度高等优点已被广泛用于碎部点数据采集工

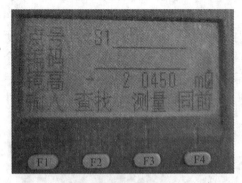

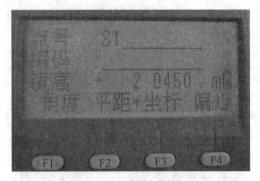

图 2.19　侧视点测量检查　　　　图 2.20　选择侧视点检测量查方式界面

作中。GPS-RTK 测量已成数字测图和 GIS 野外数据采集的主要手段之一。在大比例尺数字测图工作时，采用 GPS-RTK 技术进行碎部点数据采集，可不布设各级控制点，仅依据一定数量的基准控制点，不要求点间通视（但在影响 GPS 卫星信号接收的遮蔽地带，还应采用常规的测绘方法进行细部测量），可一人独立操作，能实时测定点的位置，并达到厘米级精度。若同时输入采集点的特征编码，通过电子手簿或便携机记录，在点位精度合乎要求的情况下，把一个区域内的地形点、地物点的坐标测定后，可在室外或室内用专业测图软件一次测绘成电子地图。

1. GPS-RTK 概述及操作

实时动态（Real Time Kinematic，RTK）测量技术，是以载波相位观测量为根据的实时差分 GPS（RTD GPS）测量技术，它是集计算机技术、数字通信技术、无线电技术和 GPS 测量技术为一体的组合系统。

1）GPS-RTK 的工作原理

将一台接收机置于基准站上，另一台或几台接收机置于载体（称为流动站或移动站）上，基准站和流动站同时接收同一时间、同一 GPS 卫星发射的信号，基准站所获得的观测值与已知位置信息进行比较，得到 GPS 差分改正值。将这个改正值通过无线电数据链电台及时传递给共视卫星的流动站精化其 GPS 观测值，从而得到经差分改正后流动站较准确的实时位置。

2）GPS-RTK 的系统组成

单基站 GPS-RTK 系统由一台基准站（又称参考站）接收机或多台流动站（移动站）接收机，以及用于数据实时传输的数据链系统构成。图 2.21 所示即是基准站主要设备，图 2.22 所示是流动站主要设备。

2. GPS-RTK 野外数据采集

1）GPS-RTK 数据采集的准备工作

在运用 GPS-RTK 进行碎部点数据采集之前，需要做一系列的准备工作，具体包括以下步骤：

（1）外业踏勘；

（2）收集资料；

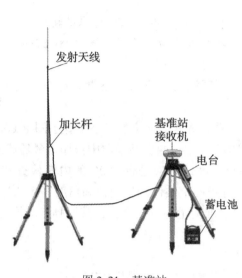

图 2.21　基准站　　　　　　　　图 2.22　移动站

（3）制订观测计划；

（4）星历预报；

（5）器材准备：经检定合格的 GPS 接收机（基准站+流动站）一套，电源（含充电器），数据链电台一套，手机或对讲机（每台 GPS 接收机上配一个），每台 GPS 接收机配观测记录手簿一本，运输工具。

2）GPS-RTK 野外数据采集。

利用 GPS-RTK 进行地形测量时，主要技术要求应符合表 2.2 规定。

表 2.2　　　　　　　GPS-RTK 地形测量"高程五等以上"主要技术要求

等级	点位中误差（mm）	高程中误差	与基准站的距离（km）	观测次数	起算点等级
图根点	≤±0.1	1/10 等高距	≤7	2	平面三级
碎部点	≤±0.3	相应比例尺成图要求	≤10	1	平面图根

注：1. 点位中误差指控制点相对于起算点的误差。

2. 采用网络 GPS-RTK 测量可不受流动站到参考站间距离的限制，但宜在网络覆盖的有效服务范围内。

（1）GPS-RTK 图根控制点采集。在一个测区内进行数字地形图测绘时，若很多作业组（有 GPS-RTK 组和全站仪组）同时开工，要是按照惯例进行"先控制，后碎部"的作业程序作业，就会出现全站仪组闲置或等的现象，浪费资源和人力。利用 GPS-RTK 进行图根点数据采集非常快捷（它可以在一个点上测几秒至几分钟完成），最重要的是弥补了图根点间"通视"条件下边角测量、统一计算的条件限制。利用 GPS-RTK 进行图根点测量时，应注意以下几点：

①GPS-RTK 图根点测量时，注意地心坐标系与地方坐标系的转换。

②GPS-RTK 图根点测量平面坐标转换残差应小于等于图上±0.07mm，GPS-RTK 图根点测量高程拟合残差应不大于 1/12 等高距。

③GPS-RTK 平面控制点测量流动站观测时，应采用三脚架对中、整平，每次观测历元数应大于 10 个。

④GPS-RTK 图根点测量平面测量两次测量点位较差应小于等于图上±0.1mm，高程测量两次测量高程较差应小于等于 1/10 等高距，两次结果取中数作为最后成果。

⑤用 GPS-RTK 技术施测的图根点平面成果应进行 100%的内业检查和不少于总点数 10%的外业检测，外业检测采用相应等级的全站仪测量边长和角度等方法进行，高程外业检测采用相应等级的三角高程、几何水准测量等方法进行，其检测点应均匀分布测区。检测结果应满足表 2.3 的要求。

表 2.3　　　　　　　　　GPS-RTK 图根点平面检测精度要求

等级	边长校核		角度校核		坐标校核	高程检核
	测距中误差（mm）	边长较差的相对误差	测角中误差（″）	角度较差限差（″）	平面坐标较差（mm）	高差（mm）
图根	≤±20	≤1/3000	≤±20	60	≤±图上 0.1	≤$50\sqrt{D}$

注：D 为检测线路长度，以 km 为单位。

（2）GPS-RTK 碎部点测量。由于工程应用中使用 GPS 卫星定位系统采集到的数据是 WGS.84 坐标系数据，而目前我们测量成果普遍使用的是以 1954 年北京坐标系、1980 国家大地坐标系或是地方独立坐标系为基础的坐标数据。因此，必须将 WGS.84 坐标转换到 1954 年北京坐标系、1980 国家大地坐标系或地方（任意）独立坐标系。在获取测区坐标系统转换参数时，可以直接利用已知的参数。在没有已知转换参数时，可以自己求解。地心坐标系（2000 国家大地坐标系）与参心坐标系（如 1954 年北京坐标系、1980 国家大地坐标系或地方独立坐标系）转换参数的求解，应采用不少于 3 点的高等级起算点两套坐标系成果，所选起算点应分布均匀，且能控制整个测区。转换时，应根据测区范围及具体情况，对起算点进行可靠性检验，采用合理的数学模型，进行多种点组合方式分别计算和优选，也可以在测区现场通过点校正的方法获取，至少选取 2 个水平控制点进行点校正。

点校正就是求出 WGS.84 和当地平面直角坐标系统之间的数学转换关系（转换参数）。

一般而言，两个椭球间的坐标转换比较严密的方法是七参数法，即 X 平移，Y 平移，Z 平移，X 旋转，Y 旋转，Z 旋转，尺度变化 K。要求得七参数，就需要在一个地区有 3 个以上的已知点；如果区域范围不大，最远点间的距离不大于 30km（经验值），就可以用三参数，即 X 平移，Y 平移，Z 平移，而将 X 旋转，Y 旋转，Z 旋转，尺度变化 K 视为 0，所以三参数只是七参数的一种特例。当测区面积较大，采用分区求解转换参数时，相邻分区应不少于 2 个重合点。

GPS-RTK 碎部点测量一般规定：

①GPS-RTK 碎部点测量平面坐标转换残差应小于等于图上±0.1mm。GPS-RTK 碎部点测量高程拟合残差应小于等于 1/10 等高距。

②GPS-RTK 碎部点测量流动站观测时，可采用固定高度对中杆对中、整平，每次观测历元数应大于 5 个。

③连续采集一组地形碎部点数据超过 50 点，应重新进行初始化，并检核一个重合点。当检核点位坐标较差小于等于图上 0.30mm 时，方可继续测量。

3）GPS-RTK 野外数据采集操作步骤

测量工作中用到的 GPS-RTK 进行野外数据采集步骤大同小异，一般归结为：架设基准站（架设完成后，打开电台，设置电台频率和发射频道）→启动基准站（打开 GPS-RTK 手簿，建立、设置项目名称，坐标系统等）→启动移动站→点校正→碎部点数据采集。

（1）架设基准站。将基座安置在脚架上，基准站可架设在已知点上（对中整平）或未知点上（只需要整平），打开基准站主机，设置为"工作模式"，等待基准站锁定卫星；通过连接头将主机固定在基座上；用电缆将主机和电台连接；架设电台发射天线，用电缆将发射天线和电台连接；打开电台，设置电台发射频道和频率；量取仪器高（一般量取斜高：对中的地面点至主机橡胶圈的距离，读取到毫米）。

基准站架设点必须满足以下要求：

①高度角在 15°以上，开阔，无大型遮挡物；

②无电磁波干扰（200m 内没有微波站、雷达站、手机信号站等，50m 内无高压线）；

③在用电台作业时，位置比较高，基准站到移动站之间最好无大型遮挡物，否则差分传播距离迅速缩短；

④至少两个已知坐标点（已知点可以是任意坐标系下的坐标，最好为 3 个或 3 个以上，可以检校已知点的正确性）；

⑤不管基站架设在未知点上还是已知点上，坐标系统也不管是国家坐标还是地方施工坐标，此方法都适用。

（2）设置、启动基准站。连接手簿和基准站主机（用电缆或蓝牙连接）；打开 GPS-RTK 手簿，输入项目名称、坐标系统、天线类型、通讯类型、通讯端仪器高等内容，在手部中搜索到基准站机身仪器号，连接启动基准站。注意检查主机和电台的信号灯闪烁是否正常。

（3）设置、启动移动站。连接好碳纤杆和移动站主机及接收天线；将移动站和手簿连接好（用电缆或蓝牙连接）；启动移动站（方法基本同基准站启动），检查信号灯是否正常，"单点"变为"浮动"再变为"固定"，设置完毕。

（4）点校正（参数计算）。将移动站在已知点上对中整平，开始测量，将已知点坐标和测量坐标调入后，进行参数计算，检查点位中误差是否符合限差要求。

27

选择校正点时，应注意：

①注意控制范围，在一个测区要有足够的控制点，并避免短边控制长边；

②对于高程，要特别注意控制点的线性分布（几个控制点分布在一条线上），特别是做线路工程，参与校正的高程点建议不要超过2个点；

③注意坐标系统、中央子午线、投影面（特别是海拔比较高的地方），控制点与放样点是否是一个投影带；

④如果一个区域比较大、控制点比较多，要分区做校正，不要一个区域十几个点或更多的点全部参与校正；

⑤注意所有残差不要超过2cm以上，否则应检查控制点是否有误。

在每个测区进行测量工作，有时需要几天甚至更长的时间，为了避免每天都重复进行点校正工作或者每次架在已知点上对中整平比较麻烦，而采取任意架设基准站或者自启动，可以在每天开始测量工作以前先做一下重设当地坐标的工作，进行整体平移。

（5）测量。在点校正符合限差要求后，开始进行测量。

4）中海达GPS-RTK野外数据采集的一般过程

（1）室外架设基准站。选择视野开阔且地势较高的地方架设基站，基站附近不应有高楼或成片密林（卫星接收不好）、大面积水塘（多路径效应严重）、高压输电线或变压器（有干扰）。基站一般架设在未知点上，后面的说明均针对这种情况。

（2）打开GPS基准站接收机，打开手簿，设置项目。

①双击打开桌面Hi. RTK道路版图标，屏幕显示主界面如图2.23所示，单击"项目"显示如图2.24所示，进行新建项目，输入项目名（默认为系统日期），点击"√"确定。

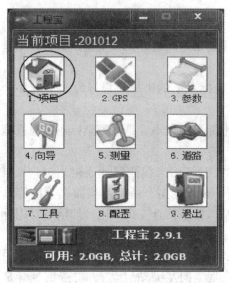

图2.23　中海达Hi. RTK道路版主界面

图2.24　项目信息界面

②建好项目后点击"项目信息"，再点击"坐标系统"，显示如图2.25所示，在椭球选项卡选择合适的当地椭球（例如"北京"54），点击"投影"选项卡，屏幕如图2.26

28

所示，输入中央子午线（输入测区内平均的中央子午线经度），椭球转换、平面转换和高程拟合均选择"无"，点击"保存"。点击右上角"✕"退出，返回主界面。

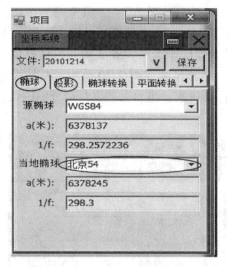

图 2.25　坐标系统配置界面

图 2.26　投影配置界面

（3）设置基准站。①连接基准站。在主界面点击 GPS 图标，屏幕显示如图 2.27 所示，点击"接收机信息"，点击"连接 GPS"，弹出接收机信息（一般选择默认手簿类型、端口、波特率、GPS 类型），如图 2.28 所示，点击"连接"，点击"搜索"，在窗口中出现主机编号，点击"停止"断开搜索，在搜索结果中选择基准站主机编号，再点击"连接"，等待连接成功后，显示接收机编号和注册日期等信息。

图 2.27　接收机信息设置初始界面

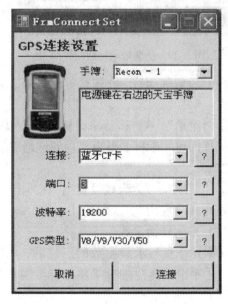

图 2.28　接收机信息设置界面

②基准站设置。待连接成功后，选择"菜单"→"接收机信息"→"基准站设置"，等卫星锁定后，界面如图 2.29 所示，更改基准站点名，再输入天线高（如果自由设站，则可不输入），点击"平滑"，进行 10 次平滑采集，采集完毕后，进行确定。确定后，点击"数据链"，进行数据链的设置（如使用电台为"外部数据链"，手机卡则为"内置网络"）。在数据链设置好后，选择"其他"，进行差分模式（GPS-RTK）、差分电文（CMR）和高度截止角的设置，设置好后"确定"，等待弹出"设置成功"对话框后，点击"OK"，屏幕上方的"单点"变为"已知点"，屏幕显示如图 2.30 所示，基站设置完毕（注意观察基站差分灯和电台收发灯是否一秒闪烁一次，电台的收发灯也开始闪烁）。

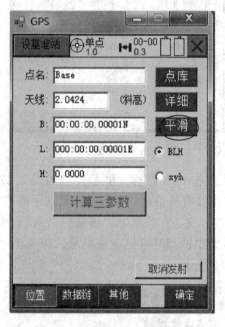

图 2.29　基准站设置初始界面

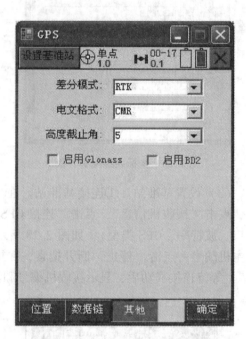

图 2.30　基准站设置成功界面

（4）设置移动站。在连接好碳纤杆、主机及主机接收天线和手簿后，对手簿进行以下操作：

①"菜单"→"移动站设置"→（如使用电台为内置电台，频道改为和"外挂电台"同样即可；手机卡则为"内置网络"）→"其他"→"差分电文格式"（CMR）→"确定"。

②"菜单"→"天线设置"，在弹出的界面中输入天线斜高（从对中点量至主机中间缝隙处）→"应用"。

（5）求解转换参数。

①到达欲参与求解参数的点位后，将对中杆放置水平，点击"测量"，进入测量界面。点击平滑采集按钮 ⚡ 采集坐标，回车保存。用同样的方法采集其他欲求参数的实地坐标。

②将控制点坐标添加进控制点库。在测量界面，"菜单"→"控制点库"→ ➕ →输

入点名和 x、y、h（类型选择"xyh"）→保存。同样添加其他控制点坐标。

③"参数"→"坐标系统"→"参数计算"（图2.31）→"添加"→源点右边的
→记录点库中选择控制点1→目标右边的 →控制点库中选择控制点1对应的点→保存。
用同样的方法将其他参与参数解算的坐标点对添加进来。

图2.31　参数计算界面

图2.32　参数计算结束界面

④在图2.31所示的界面下，点击"解算"。观察比例缩放因子 K 是否接近于1（至少0.9999……或者1.0000……）→"运用"→核对参数无误后确定，保存坐标系统，如图2.32所示，并且更新坐标点库。

（6）碎部测量。

点击测量，进入测量模式，如图2.33所示，到达采集的点位时，当待解类型显示为"固定"时，点击按钮最右排小旗子 （快捷键【F2】），即开始采集坐标，在测量完成后，回车进行保存，重复操作即可逐点测量。若点击"菜单"→"记录点库"或者点击左下角 ，即可查看记录点库，如图2.34所示，并可对测量点进行修改（删除、修改属性等）。

2.1.3　野外数据采集若干事项

1. 数据采集中属性的处理方法

1）草图法

所谓草图法，就是在把待采集的碎部点信息（点号、点的大概相对位置、点与点间的相对连接关系、点的属性等）绘制到草图上，在数据传输到计算机站点后，根据草图绘制数字地形图。草图可以根据测区内已有的相近比例尺图编绘，也可以随碎部点采集时画出。在用编绘或复制方法画草图时，一般要到实地对照记录和草图不一致的地物。在随

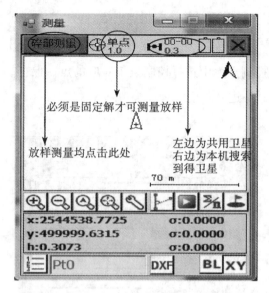

图 2.33　碎部点测量界面

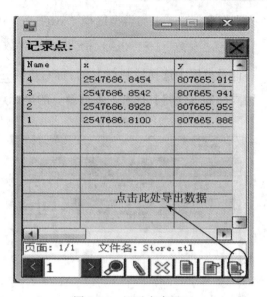

图 2.34　记录点库界面

采集数据一块进行时，可按地物相互关系一块绘出，也可按测站绘制，地物密集处可放大处理，根据测站所测地物环境选择草图是横向还是竖向。画草图时，一定注意图上点号标注要清楚、准确，有电子记录手簿时，一定要和手簿记录的点号一致。

草图的主要内容有：地物的相对位置、地貌的地性线、点名、丈量距离记录、地理名称和说明注记等。在用随测站记录时，应注记测站点点名、北方向、绘图时间、绘图者姓名等，最好在每到一测站时整体观察一下周围地物，尽量保证一张草图把一测站所测地物表示完全，对地物密集处标上标记另起一页放大表示。图 2.35 所示为某测区的一张草图。

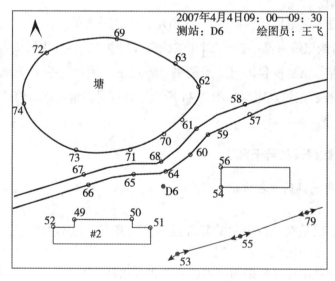

图 2.35　测区草图样图

2）简码配合草图法

简码配合草图法就是在野外操作时仅输入简单的提示性编码，经内业简码识别后，自动转换为程序内部码，在绘图时直接使用简码识别，计算机即可自动绘制出图形的一种快捷方法。在测区内有较多的独立地物或测区非常简单时一般采用此方法，可提高绘图效率。在南方CASS9.0软件平台上，此方法的具体操作步骤是：在野外测量存储数据时，输入自定义的地物编码，回到室内成图时，编辑南方 CASS9.0 软件的内部文件"JCODE. DEF"及"WORK. DEF"（在安装目录＼Program Files＼CASS2008＼ SYSTEM 文件夹里），使自定义的简码和系统编码匹配，通过 CASS9.0 软件"绘图处理"中的"编码识别"即可直接绘制出所测点。

对于有相连关系的地物，可采用"地物序号+地物类别+属性"的自定义编码，但因为逻辑关系复杂，一般不提倡用此方法，而直接使用草图法。

3）电子平板法

现在越来越多的测量组在外业时采用电子平板作业模式，但在常规的电子平板测图方式中，笔记本电脑（即成图设备）在测站上，所以测站上的人与跑镜的人沟通非常频繁，如果错记一个点名，将会导致连环错误。于是，出现了镜站平板，即成图设备在镜站上，跑镜的人拿着电脑，定一个点，记一个数据，这样可大大减少出错的几率。也可以非常方便地实现多镜测量，因为测站只需按照镜站的要求照准各个棱镜即可，但是，问题也随之而来，镜站上的工作人员本来就要在复杂的地形中穿梭，如果还要带上笔记本电脑，对于工作人员来说，将是非常不方便的。在这种情况下，我们提出用掌上电脑代替笔记本电脑的方案，这样，上面说的所在问题都将迎刃而解。

电子平板法的操作基本过程如下：

（1）利用计算机将测区的已知控制点及测站点的坐标输到全站仪内。

（2）在测站点上架好仪器，并把笔记本电脑或 PDA 与全站仪用相应的电缆连接好，设置全站仪的各种参数。

（3）用全站仪测量碎步点。

（4）根据测区实地绘图。

2. 常见地物的数据采集方法

在数字地形图测绘中，常见野外直接测定地物或地貌特征点的位置选择见表2.4。

表2.4 　　　　　　　　　　　**常见地物地貌特征点选择**

地形类别		平面点	高程点	其他要求
建（构）筑物	矩形	主要墙外角	主要墙外角外地坪	注记房屋结构和层次
	圆形	圆心或圆周上三点	地面	注明半径高度或深度
	其他	墙角主要拐角点或圆弧特征点	墙外角主要特征点	
道路		路边线拐角点、切点、曲线加密点，干线交叉点、里程碑	变坡点、交叉点、直线段30m至40m一个点	注记路面材料、路名

地形类别	平面点	高程点	其他要求
铁路	车档、岔心、进厂房处、直线部分每50m一个点	每个平面点测一高程点，曲线段内轨每20m一个点	注记铁路名称
桥梁、涵洞	桥梁四角点、涵洞进出口	四角点、桥面中心点、涵洞进出口底部	
架空管道	起、终、转、交点的支架中心	起、终、转、交点、变坡点或地面	注明通过铁路、公路的净空高度
地下管道	起、终、转、交点的管道中心	地面井盖、井台、井底、管顶、下水出入口的管底或沟底	注记管道类别
架空电力线电信线路	铁塔四角，起、终、转、交点的支架中心	杆（塔）地面或基座面	注明通过铁路、公路的净空高度
独立地物	中心点		
山区地形	山顶、脚、谷、脊、鞍部、变坡点、均匀山坡散点、坡顶及坡脚拐点	山顶、脚、谷、脊、鞍部、变坡点、均匀山坡散点	
坡、坎	坡（坎）顶级坡（坎）底的拐点	坡（坎）顶级坡（坎）底的拐点	注记比高，适当注记坡顶、坡脚高程
境界线	拐点	拐点	注记境界线等级及名称
植被土质	边界线拐点	范围内按规范密度的间距测量散点	注记植被种类、土地类型
其他注记	城市、工矿企业、单位、居民地、道路、水库、河流、山岭、植被、树木胸径等		

具体要求如下：

居民地是人类居住和进行各种活动的中心场所，它是地形图上一项重要内容。在居民地测绘时，应在地形图上表示出居民地的类型、形状、质量和行政意义等。居民地房屋的排列形式很多，农村中主要是散列式，即不规则的房屋较多；城市中的房屋则排列比较整齐。测绘居民地时根据测图比例尺的不同，在综合取舍方面有所不同。对于居民地的外部轮廓，都应准确测绘。对1：1000或更大的比例尺测图，各类建筑物和构筑物及主要附属设施应按实地轮廓逐个测绘，其内部的主要街道和较大的空地应以区分，图上宽度小于0.5mm的次要道路不予表示，其他碎部可综合取舍。房屋以房基角为准，立尺测绘，并按建筑材料和质量分类予以注记，对于楼房，还应注记层数。圆形建筑物（如油库、烟囱、水塔等）的轮廓线应实测3个点，并用圆连接。房屋和建筑物轮廓的凸凹在图上小于0.4mm（简单房屋小于0.6mm）时，可用直线连接。对于散列式的居民地、独立房屋，应分别测绘。1:2000比例尺测图房屋可适当综合取舍。围墙、栅栏等可根据其永久性、规整性、重要性等综合取舍。

路堤、路堑均应按实地宽度绘出边界，并应在其坡顶、坡脚适当注记高程。公路路堤应分别绘出路边线与堤（堑）边线，二者重合时，可将其中之一移位0.2mm表示。

公路、街道按路面材料可划分为水泥、沥青、碎石、砾石等，以文字注记在图上，路面材料改变处应实测其位置并用点线分离。

大车路、乡村路和小路等，测绘时，一般在中心线上取点立尺，道路宽度能依比例表示时，按道路宽度的1/2在两侧绘平行线。对于宽度在图上小于0.6mm的小路，选择路中心线立尺测定，并用半比例符号表示。

桥梁测绘时，铁路、公路桥应实测桥头、桥身和桥墩位置，桥面应测定高程，桥面上的人行道图上宽度大于1mm的应实测；各种人行桥图上宽度大于1mm的应实测桥面位置，不能依比例的，实测桥面中心线。

有围墙、垣栅的公园、工厂、学校、机关等内部道路，除通行汽车的主要道路外，均按内部道路绘出。

永久性的电力线、通信线路的电杆、铁塔位置应实测。同一杆上架有多种线路时，应表示其中主要线路，并要做到各种线路走向连贯、线类分明。居民地、建筑区内的电力线、通信线可不连线，但应在杆架处绘出连线方向。电杆上有变压器时，变压器的位置按其与电杆的相应位置绘出。

地面上的、架空的、有堤基的管道应实测，并注记输送的物质类型。当架空的管道直线部分的支架密集时，可适当取舍。对地下管线、检修井测定其中心位置，按类别以相应符号表示。

城墙、围墙及永久性的栅栏、篱笆、铁丝网、活树篱笆等，均应实测。

境界线应测绘至县和县级以上。乡与国营农、林、牧场的界线应按需要进行测绘。两级境界重合时，只绘高一级符号。

水系测绘时，海岸、河流、溪流、湖泊、水库、池塘、沟渠、泉、井以及各种水工设施均应实测。河流、沟渠、湖泊等地物，通常无特殊要求时，均以岸边为界，如果要求测出水涯线（水面与地面的交线）、洪水位（历史上最高水位的位置）及平水位（常年一般水位的位置）时，应按要求在调查研究的基础上进行测绘。

河流的两岸一般不大规则，在保证精度的前提下，对于小的弯曲和岸边不甚明显的地段可进行适当取舍。河流图上宽度小于0.5mm、沟渠实际宽度小于1m（1:500测图时小于0.5m）时，不必测绘其两岸，只要测出其中心位置即可。渠道比较规则，有的两岸有堤，测绘时可以参照公路的测法。田间临时性的小渠不必测出，以免影响图面清晰度。

湖泊的边界经人工整理、筑堤、修有建筑物的地段是明显的，在自然耕地的地段大多不甚明显，测绘时，要根据具体情况和用图单位的要求来确定以湖岸或水崖线为准。在不甚明显地段确定湖岸线时，可采用调查平水位的边界或根据农作物的种植位置等方法来确定。

水渠应测注渠边和渠底高程。时令河应测注河底高程。堤坝应测注顶部及坡脚高程。泉、井应测注泉的出水口及井台高程，并根据需要注记井台至水面的深度。

植被测绘时，对于各种树林、苗圃、灌木林丛、散树、独立树、行树、竹林、经济林等，要测定其边界。若边界与道路、河流、栅栏等重合时，则可不绘出地类界，但是若与境界、高压线等重合时，地类界则应移位表示。对经济林，应加以种类说明注记。要测出农村用地的范围，并区分出稻田、旱地、菜地、经济作物地和水中经济作物等。一年几季种植不同作物的耕地，以夏季主要作物为准。田埂的宽度在图上大于 1mm（1∶500 测图时大于 2mm）时用双线描绘，田块内要测注有代表性的高程。

地形图上要测绘沼泽地、沙地、岩石地、龟裂地、盐碱地等。

2.2 数据传输

2.2.1 全站仪数据传输

全站仪数据传输即全站仪数据通信，是指全站仪与计算机或 PDA 之间经通信线路而进行的数据交换。目前，全站仪与计算机通信主要是利用全站仪的输出接口，通过通信电缆直接将全站仪内存中的数据文件传送至计算机，也可以利用计算机将坐标数据和编码库数据直接装入全站仪内存中。全站仪数据传输方法主要有两种：一是通过全站仪配套数据传输软件进行数据传输、转换；二是利用计算机微软自带的同步软件（程序→附件→通讯→超级终端），此种方法可以将全站仪存储的原始数据传输出来。另外，南方 CASS 成图软件里面有"读取全站仪数据"模块，可以将拓普康、尼康等很多种全站仪内存中的数据直接转换成坐标数据（南方 CASS 成图软件使用的坐标数据文件 *. dat 格式是：点号，代码，Y 坐标，X 坐标，Z 坐标）。

在全站仪数据传输前，首先打开 RS. 232C 串口，用数据线连接好全站仪和计算机，设置通信参数（全站仪和计算机中参数必须一致），根据需要选择数据格式进行传输。

1. 通讯参数设置

全站仪通信参数的设置一般包括以下几项：

1）波特率

波特率表示数据传输速度的快慢，用位/秒（b/s）表示，即每秒钟传输数据的位数（bit）。

例：如果数据传送的速度为 480 个字符/s，而每个字符又包含 10 位（起始位 1 位，数据位 7 位，校验位 1 位，停止位 1 位），则波特率为 4800b/s。

常见的波特率有 2400b/s、4800b/s、9600b/s 和 19200b/s 等。目前全站仪通讯中常采用 4800b/s 以上。

2）数据位

数据位是指单向传输数据的位数，数据代码通常使用 ASCII 码，一般用 7 位或 8 位。

3）校验位

数据通信中，数据信号难免会遇到各种干扰。因此，发送单元发出的信息到接收单元时可能就会出现差错，尽管其出现差错的可能性很小。但一旦出现差错，所产生的影响则可能是巨大的。既然无法避免传输的差错，就得设法检测出这种差错，从而克服它们。

校验位，又称奇偶校验位，是指数据传输时接在每个 7 位二进制数据信息后面发送的第 8 位，它是一种检查传输数据正确与否的方法，即将 1 个二进制数（校验位）加到发送的二进制信息串后，让所有二进制数（包含校验位）的总和总保持是奇数或偶数，以便在接收单元检核传输的数据是否有误，校验位通常有以下五种校验方式：

（1）NONE（无校验）：这种方式规定发送数据信息时，不使用校验位。这样就使原来校验位所占用的第 8 位成为可选用的位，这种方法通常用来传送内 8 位二进制数（面不是 7 位 ASCII 码数据）组成的数据信息。这时，数据信息就占用了原来由校验位使用的位置。

（2）EVEN（偶校验）：这是一种最常用的方法，它规定校验位的值与前面而所传输的二进制数据信息有关，并且应使校验位和 7 位二进制数据信息中"1"的总和总为偶数。换言之，如果二进制数据信息中"1"的总数是偶数，则校验位为"0"；如果二进制数据信息中"1"的总数是奇数，则校验位是"1"。

（3）ODD（奇校验）：这种方法规定校验位的值与它所伴随的二进制数据信息有关，并且应使校验位和 7 位二进制数据信息中"1"的总和总为奇数，也就是说，如果数据信息中所有的二进制数"1"的总数是偶数，则校验位为"1"；如果所有二进制数"1"的总数是奇数，则校验位是"0"。

（4）MARK（标记校验）：这种方法规定校验位总是二进制数"1"，而与所传输的数据信息无关。因此，这种方式下，二进制数"1"仅仅是简单地填补了这个位置，并不能校验数据传输正确与否，它的存在并无实际意义。

（5）SPACE（空号校验）：这种方法规定校验位总是二进制数"0"，它也只是简单地填补位置，虽有校验位存在，但并不用来做传送质量的检验，其存在也无实际意义。

在全站仪的通信中，一般采用前三种校验方式，占一位，用 N 或 E 或 O 表示（分别代表 NONE、EVEN 和 ODD）。

例：若规定数据校验方式为奇校验，则字母 A 和数字 4 的数据信息应表示为11000001 和 00110100。

4）停止位

在校验位之后再设置一位或二位停止位，用来表示传输字符的结束。

有的全站仪还规定了自己的发送与接收端间的应答信息。接收端没有发出请求发送的信息，全站仪送出的数据，接收端不会接收，以确保数据传输的正确性和完整性。只有全站仪与计算机（或其他设备如 PDA 等）两端设置的参数一致，才能实现正确的通信。

注意：在通讯参数设置时，一般数据位、检校位、停止位三个参数的数字加起来等于 9。

2．全站仪数据传输

全站仪数据传输主要包括下载数据（即将全站仪上存储的数据下载到计算机或手簿中）和上传数据（将计算机上或手簿中的数据上传至全站仪中，部分全站仪品牌有此功能）两种功能，其中最常用的是数据下载功能。数据下载的步骤是：

1）仪器连接

操作者将全站仪安置好，用专配的数据线将全站仪和计算机连接（若使用笔记本电脑，常需数据转换接口线）。

2）通讯参数设置

打开全站仪和计算机（或手簿）及计算机软件平台（有些全站仪需要打开专配传输软件），进行通讯参数设置。

3）数据传输

在参数设置好后，进行数据传输。

注意：若计算机上出现乱码，重新检查全站仪和计算机参数；若没有数据传出，则检查数据线和数据线接口。

2.2.2　GPS-RTK 数据传输

GPS-RTK 数据通信是接收机或电子手簿与计算机之间经通信线路而进行的数据交换，其数据传输的原理与全站仪的数据传输相同。目前，下载数据的方法主要有两种：一是利用同步软件的专用程序进行操作，二是利用 Microsoft ActiveSync 的同步数据传输软件。

1. 利用同步软件的专用程序进行操作

在 GPS-RTK 数据传输前，首先在手簿里进行数据导出，导出需要的数据格式文件，之后，进行连接、复制导出文件。

（1）数据导出。在"项目信息"中选择"记录点库"，选择"导出数据"，对导出数据文件进行命名和格式选择，导出数据。

（2）用数据线将手簿和计算机连接。

（3）直接复制出导出数据的文件夹。

2. 利用 Microsoft ActiveSync 的同步数据传输软件通过 USB 口进行数据传输

（1）在计算机上安装连接程序。在中海达软件光盘的"工具"文件夹里选择"连接程序"，再选择里面"ActiveSync"文件夹里"MSASYNC41.EXE"文件，双击此文件，按步骤提示进行安装连接程序。

如果是 GIS+手簿第一次在这个电脑上使用，在插上手簿的 USB 后，系统会提示安装硬件驱动，我们在中海达光盘里"驱动程序"文件夹下选择"GIS 手持机驱动"，将驱动程序安装上即可。

（2）仪器连接。将数据线一端连接到打开的手簿上，另一端与电脑 USB 口进行连接（也可串口连接）。

（3）选择导出文件。连接好后，计算机上连接程序就会自动启动，取消"建立合作关系"，点击"浏览"，打开"NandFlash"文件夹（这是手簿的存储卡）里"Project"文件夹下的"Road"文件夹，再点击里面的"Points"文件夹，找到我们刚才导出的文件，复制到电脑上，数据传输完毕。

2.2.3　全站仪数据传输与 GPS-RTK 数据传输演示

1. 全站仪数据传输

下面以拓普康 GTS-335N 全站仪数据传输为例，演示全站仪数据传输的一般步骤。

1）全站仪通讯参数设置

把全站仪安置在安全的地方，连接好全站仪和计算机，打开全站仪进入测量界面，按菜单键【MENU】，选择"存储管理"（按【F3】键），屏幕显示如图2.36所示，选择"数据通讯"（按【F1】键）屏幕显示如图2.37所示，选择"通讯参数"（按【F3】键）出现如图2.38所示，分别对"通讯协议"、"波特率"、"字符长和检校位"及"停止位"进行设置（图2.39）。

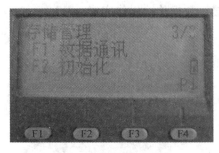

图2.36 存储管理初始界面

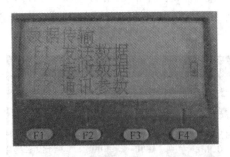

图2.37 数据传输界面

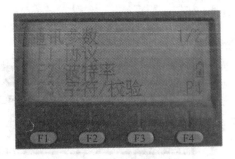

图2.38 通讯参数设置界面1

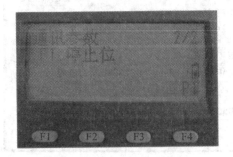

图2.39 通讯参数设置界面2

2）数据下载

在通讯参数设置完成后，在全站仪"数据通讯"屏幕下选择"发送数据"，如图2.40所示，选择需要发送的数据，选择数据文件回车，显示如图2.41所示。在计算机上准备好接收数据，在询问对话框界面选择"是"（点击【F3】键），数据开始传输。

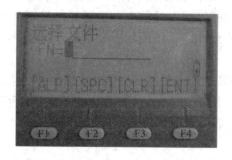

图2.40 选择发送数据文件界面

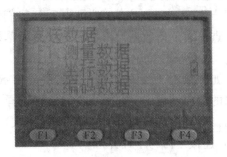

图2.41 选择发送数据类型界面

若需要在南方 CASS 平台中传输，在完成上述两步骤后，打开南方 CASS 软件，执行"数据"→"读取全站仪数据"命令，弹出如图 2.42 所示的"全站仪内存数据转换"对话框。在对话框中选择仪器型号、通信口（端口）、选择与全站仪设置相同的波特率、检校位、数据位和停止位，选择"联机"复选框；单击"选择文件"按钮，在弹出的标准文件对话框中选择"保存路径"和输入文件名。单击"转换"按钮，弹出如图 2.43 所示的对话框，操作全站仪发送数据，然后在计算机上单击"确定"按钮，即可将数据保存到设置的 .dat 文件中。在南方 CASS 软件的命令框中显示"转换完成"时，代表数据已经传输、转换完毕，关闭全站仪电源，断开连接，数据传输操作完毕。

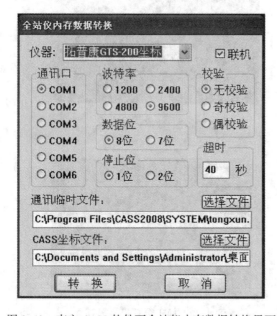

图 2.42　南方 CASS 软件下全站仪内存数据转换界面　　图 2.43　计算机等待全站仪信号提示对话框

2. GPS-RTK 数据传输

下面以中海达 GPS-RTK 为例，演示数据传输过程。

1）打开项目数据

用数据线将手簿和计算机连接好，打开手簿，在首页中打开"项目"，在"项目信息"里点击"记录点库"，就可以看到我们所测碎部点的信息，手簿屏幕显示如图 2.44 所示，点击右下角数据导出按钮，手簿屏幕显示如图 2.45 所示。

2）数据导出

在如图 2.45 所示的屏幕中，选择导出数据的文件夹名字及导出数据文件的格式。在文件名的空白处点击，起个文件名，再选择导出文件的格式（如在南方 CASS 平台下绘制地形图，可直接选择南方 CASS 的 dat 格式），然后点击"确定"即可。

3）连接手簿与于计算机

将手簿打开后与电脑连接，连接成功时，在计算机中"我的电脑"里的显示如图 2.46 所示。

图 2.44　记录点库界面

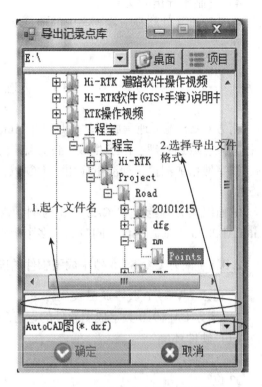

图 2.45　选择导出文件及类型界面

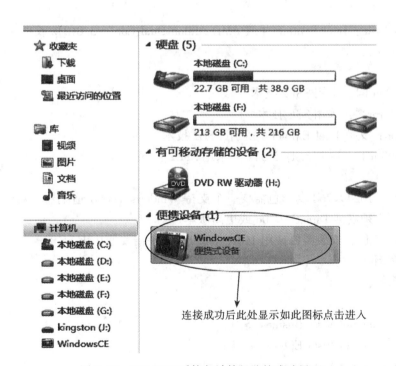

图 2.46　GPS-RTK 手簿与计算机连接成功界面

4）复制出导出的文件

在计算机文件路径下找到当天的项目文件夹，将里面的 point 文件夹内的文件复制出来即可。

2.3　内业数字成图

南方 CASS 地形地籍成图软件是基于 AutoCAD 平台技术的数字成图系统，具有完备的数据采集、数据处理、图形生成、图形编辑、图形输出等功能，广泛应用于数字地形成图、数字地籍成图、工程测量应用三大领域，且全面面向 GIS，彻底打通数字成图系统与 GIS 接口。

下面以南方测绘公司 CASS9.0 为例，讲解内业数字成图的方法。南方 CASS9.0 以 AutoCAD2010 为基础平台，同时兼容多个版本的 AutoCAD 平台。

2.3.1　南方 CASS9.0 数字成图软件的安装及界面

1. 南方 CASS9.0 数字成图软件的安装

1）南方 CASS9.0 数字成图软件的运行环境

（1）硬件环境。

• 处理器：

32 位

Windows XP：Intel Pentium 4 或 AMD Athlon Dual Core，1.6GHz 或更高，采用 SSE2 技术

Windows Vista：Intel Pentium 4 或 AMD Athlon Dual Core，3.0GHz 或更高，采用 SSE2 技术

64 位

AMD Athlon 64，采用 SSE2 技术

AMD Opteron™，采用 SSE 技术

Intel Xeon，支持 Intel EM64T 并采用 SSE2 技术

Intel Pentium4，支持 Intel EM64T 并采用 SSE2 技术

• RAM：2GB。

• 图形卡：1024×768 真彩色需要一个支持 Windows 的显示适配器。对于支持硬件加速的图形卡，必须安装 DirectX 9.0c 或更高版本。

• 硬盘：32 位，安装需要使用 1GB；64 位，安装需要使用 1.5GB。

（2）软件环境。

• 操作系统：

32 位

Microsoft Windows Vista Business SP1

Microsoft Windows Vista Enterprise SP1

Microsoft Windows Vista Home Premium SP1

Microsoft Windows Vista Ultimate SP1

Microsoft Windows XP Home SP2 或更高版本

Microsoft Windows XP Professional SP2 或更高版本

64 位

Microsoft Windows Vista Business SP1

Microsoft Windows Vista Enterprise SP1

Microsoft Windows Vista Home Premium SP1

Microsoft Windows Vista Ultimate SP1

Microsoft Windows XP Professional x64 Edition SP2 或更高版本

- 浏览器：Web 浏览器 Microsoft Internet Explorer 7.0 或更高版本。
- 平台：AutoCAD 2002/2004/2005/2006/2007/2008/2010。
- 文档及表格处理：Microsoft Office2003 或更高版本。

2）南方 CASS9.0 数字成图软件的安装方法

CASS9.0 的安装应该在 AutoCAD 安装完成并运行一次以后才进行，CASS9.0 兼容 AutoCAD2002/2004/2005/2006/2007/2008/2010 版本。在 CASS9.0 的安装文件夹中找到 setup.exe 文件并双击它，屏幕上出现如图 2.47 所示的界面，点击"同意"前的单选框后，单击"下一步"按钮。

图 2.47　CASS9.0 安装向导协议许可界面

进入软件路径设置界面，如图 2.48 所示，软件会自动检测当前计算机中的 AutoCAD 版本，如有多个 AutoCAD 版本，则提供选择项。本例中选择 AutoCAD2004 作为演示版本。

在图 2.48 所示界面中指定 CASS9.0 软件的安装位置。安装软件默认安装路径为 C:\Program Files\Cass90 For AutoCAD2004\，用户可以点击默认路径后的"浏览"按钮，在弹出的"打开文件对话框"中重新选择安装路径。确认路径无误后可单击"下一步"，

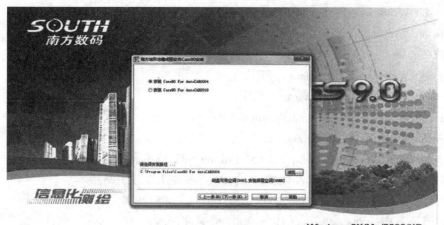

图 2.48　CASS9.0 安装向导路径设置界面

进入软件安装对话框，如图 2.49 所示。

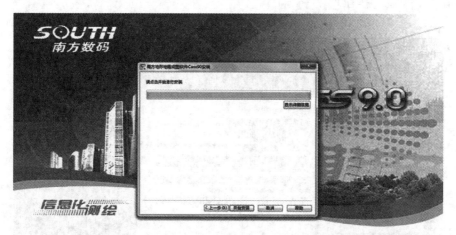

图 2.49　CASS9.0 安装向导开始安装界面

　　当软件安装完成后，界面如图 2.50 所示，点击"安装完成"按钮即完成安装。此时，计算机桌面会出现南方 CASS9.0 的图标。

　　软件安装完成后，安装程序会自动弹出软件狗的驱动程序安装向导，如图 2.51 所示。

　　单击"下一步"按钮，进入软件狗驱动安装路径设置界面，驱动默认安装路径为"C:\Program Files\Senselock\Driver\"。如想修改默认路径，也可通过路径后按 ⋯ 按钮来打开对话框修改，如图 2.52 所示。

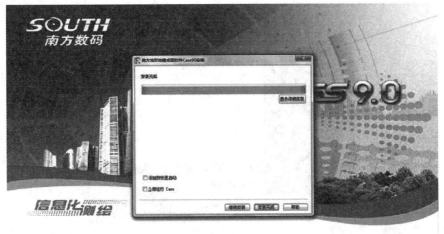

Windows 9X/Me/2000/XP
AutoCAD 2000/2004/2005/2006/2007/2008/2010

图 2.50　CASS9.0 安装向导安装完成界面

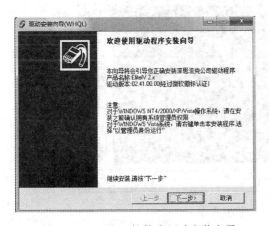

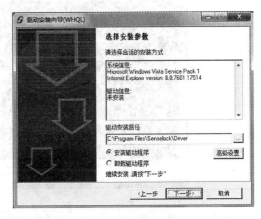

图 2.51　CASS9.0 软件狗驱动安装向导　　　图 2.52　CASS9.0 软件狗驱动安装路径设置界面

确认驱动安装路径后，则点击"下一步"按钮，当驱动正确安装时，会出现如图 2.53 所示界面。

2. 南方 CASS9.0 数字成图软件的界面

CASS9.0 的操作界面友好，如图 2.54 所示，主要包括：顶部菜单栏、右侧屏幕菜单和工具条、工具栏、状态栏、图形窗口、命令栏等。CASS 软件是在 AutoCAD 的基础上进行二次开发的数字地形图编辑软件，它的操作方法大体与 AutoCAD 相同，只是加了很多测量中的应用，所以菜单和工具栏的内容会与 AutoCAD 有区别。

CASS9.0 的命令菜单主要包括顶部菜单栏和右侧屏幕菜单。

顶部菜单栏主要有 13 项，它们的主要功能如下：

（1）文件：主要用于控制文件的输入、输出，对整个系统的运行环境进行修改设定。

（2）工具：主要用于在编辑图形时提供绘图工具。

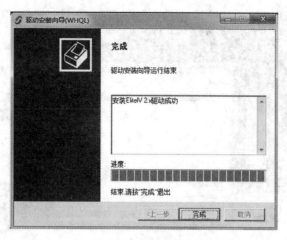

图 2.53　CASS9.0 软件狗驱动安装完成界面

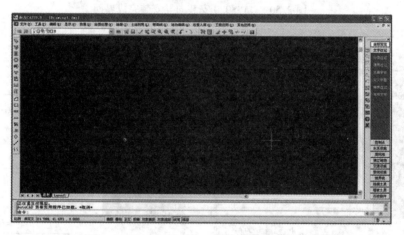

图 2.54　南方 CASS9.0 界面

（3）编辑：主要通过调用 AutoCAD 命令，利用其强大丰富、灵活方便的编辑功能来编辑图形。

（4）显示：主要利用 AutoCAD 的功能，为用户提供了对象的三维动态显示，使视觉效果更加丰富多彩。

（5）数据：包括了大部分 CASS9.0 面向数据的重要功能，如数据的导出、导出、编辑和对编码的编辑。

（6）绘图处理：主要给用户提供对地形图坐标点的展绘、比例尺设置、编码成图、图幅的生成和管理等。

（7）地籍：主要是地籍图的绘制、编辑、修改及报表的生成与管理。

（8）土地利用：主要功能为绘制行政区界，生成图斑等地类要素，对土地利用情况进行统计。

（9）等高线：可建立数字地面模型，计算并绘制等高线或等深线，自动切除穿建筑物、陡坎、高程注记的等高线。

（10）地物编辑：主要对地物进行加工编辑，内容丰富，手段多样，可大大提高制图效率。

（11）检查入库：主要用于图形的各种检查以及图形格式转换。

（12）工程应用：坐标查询、面积计算、断面图绘制和土方量计算等。

（13）其他应用：主要可用来建立数据库，对图纸进行管理；数字市政监管和符号自定义。

右侧屏幕菜单是一个测绘专用交互绘图菜单，主要用于确认定点方式以及在绘图时选择图例进行绘图。

CASS9.0 的工具栏除了 CASS 自己的工具条外，还包括 AutoCAD 的部分工具条。工具条的使用方法与 AutoCAD 相同。特别需要注意的是：AutoCAD 常用的绘图和编辑工具条可以通过鼠标右键点击工具栏的空白部分，调出工具栏设置面板，点击其中"绘图"和"修改"两项即可，确认这两项后，CASS9.0 界面中会出现此两项工具条，将其移动到合适位置，方便绘图。

2.3.2 南方 CASS9.0 数字成图软件绘制地形图

AutoCAD 和南方 CASS 软件正确安装后，我们即可打开南方 CASS9.0 准备进行数字地形图的绘制。下面从外业数据采集的坐标数据展点、地形地物的绘制、图形的整饰等方面来讲解数字地形图的绘制方法。

1. 绘图准备

当外业数据采集完成后，坐标数据文件按照南方 CASS 的数据文件格式编辑好后，即可将坐标点展绘到南方 CASS9.0 的绘图区，准备地形图的绘制。

在南方 CASS9.0 中，坐标数据文件的数据组织方式必须符合规定的格式。此坐标数据文件为文本文件，后缀名为".DAT"，数据文件中每一行为一个坐标点数据，数据行中的数据组织格式为：点号，编码，Y，X，Z（回车）。注意：数据行中的逗号为西文逗号，如没有进行编码测图，编码位置为空。如图 2.55 所示，我们展示的是 CASS 安装目录下 demo 文件夹中的 YMSJ.DAT 文件，更多实例可参看 demo 文件夹下的其他 DAT 文件。

图 2.55　南方 CASS 坐标数据文件数据组织方式

1）定显示区

在坐标展点之前，为保证所有点在显示屏幕上都可见，需要根据要输入的 CASS 坐标数据文件中的坐标值来定义绘图区的大小。

操作步骤：

（1）鼠标左键点击顶部菜单栏"绘图处理"，即出现下拉菜单。

（2）鼠标左键点击下拉菜单中"定显示区"子菜单，如图 2.56 所示。弹出如图 2.57 所示的打开文件对话框，在对话框的"查找范围"中选择正确路径，在出现的文件列表中选择要展点的坐标数据文件。此例中选择 CASS 自带的坐标数据演示文件"YMSJ. DAT"，单击"打开"按钮，完成定显示区操作。同时在命令行会出现下列提示：

最小坐标（米）：X = 31067. 315，Y = 54075. 471

最大坐标（米）：X = 31241. 270，Y = 54220. 000

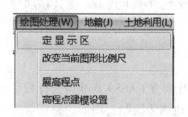

图 2.56　点击定显示区菜单项

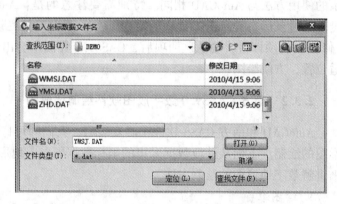

图 2.57　打开文件对话框

2）选择定点方式

定完显示区后，我们应该选择当前绘图采用何种定点方式，南方 CASS9. 0 中提供的定点方式包括"坐标定位"、"测点点号"、"电子平板"等，此处以"点号定位"为例来学习如何选择定点方式。

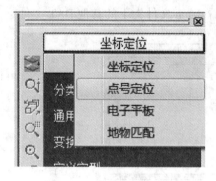

图 2.58　选择点号定位方式

操作步骤：

（1）移动鼠标至屏幕右侧菜单区，鼠标左键点击"坐标定位"，在出现的下拉菜单中点击"点号定位"。

（2）弹出"选择点号对应的坐标点数据文件名"的对话框，此对话框与图 2.58 中的对话框相同，选择要展点的数据文件（C：\ Program Files \ Cass90 For AutoCAD2004\DEMO\YMSJ. DAT），点击"打开"即可。同时在命令行会出现下列提示：

读点完成！共读入 60 个点

3）展点

确定了绘图窗口的范围，并且确定了定点方式后，我们即可将坐标点数据文件展绘到绘图窗口中。

操作步骤：

（1）鼠标左键点击顶部菜单栏"绘图处理"，出现下拉菜单。

（2）在下拉菜单中，鼠标左键点击"展野外测点点号"子菜单，如图 2.59 所示。首

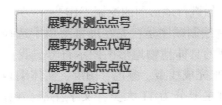

图 2.59　展野外测点点号

先，命令行中出现提示，要设置当前图形的比例尺。键盘输入当前图形的比例尺，直接回车则默认图形比例尺为 1∶500。本例中使用 1∶1000 的比例尺，因此我们键盘输入"1000"后回车，出现：

绘图比例尺 1∶<500> 1000

设置好图形比例尺后，即弹出打开文件对话框，在对话框的"查找范围"中选择正确路径，在出现的文件列表中选择要展点的坐标数据文件（C：\ Program Files \ Cass90 For AutoCAD2004 \ DEMO \ YMSJ. DAT），单击"打开"按钮完成展点操作。展点的结果如图 2.60 所示，数字为测点点号，黑点为测点点位。

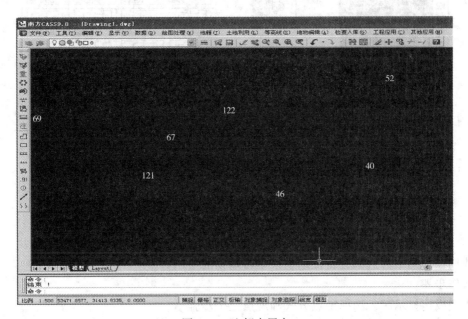

图 2.60　坐标点展点

2. 绘制平面图

1）地物绘制

南方 CASS9.0 中绘制平面图有测点点号定位成图法、屏幕坐标定位成图法、简码自动成图法、编码引导自动成图法和电子平板测图法，我们主要介绍前四种方法。

（1）测点点号定位成图法。当外业观测的坐标点在 CASS9.0 的绘图窗口展绘出来后，我们即可以根据外业草图开始进行地形图的绘制工作。

南方 CASS9.0 中的地物绘制顺序是：先在屏幕菜单中选择要绘制地物的大类，然后在弹出对话框中点击要绘制的具体地物地形图图示符号。我们可以称这个工作叫做"设置图例"，即通过设置图例来完成线型、颜色、图层、实体编码及绘制方法等的设置。

屏幕菜单中的地物绘制主要分为 11 大类：文字注记、控制点、水系设施、居民地、独立地物、交通设施、管线设施、境界线、地貌土质、植被土质、市政部件。CASS9.0 中对地物的分类是在测绘规范《1∶500、1∶1000、1∶2000 地形图要素分类与代码》的九大类为基础，为了地形图符号信息化的特点及绘制方便来制定的，其中，每大类中还有小类，如图 2.61 所示，居民地类中还有一般房屋、普通房屋、特殊房屋、房屋附属、支柱墩、垣栅。

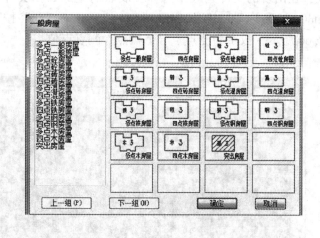

图 2.61 地形图图式符号

我们在草图中各选部分特征地物来学习地物的绘制。

操作步骤：

①完成定显示区、选择定点方式和展点三个步骤。

②房屋的绘制。选取草图中由 33、34、35 号测点测出的这间普通房屋为示例地物。在屏幕菜单中鼠标左键单击"居民地/普通房屋"。弹出的对话框中鼠标左键单击"四点

50

简单房屋"。命令行出现提示语，我们可以根据外业测量的结果来选择绘图方式：

1. 已知三点/2. 已知两点及宽度/3. 已知四点<1>：（输入1，回车）

外业数据采集中这间房屋测了3个点，因此我们键盘输入"1"，回车（或直接回车默认选1）。如外业数据采集中测了2个点并量取了房子的一条边，则可输入"2"，回车。如外业数据采集时测量了4个点，则输入"3"，回车。

③根据命令行提示输入相应的测点点号。选择了房屋绘制方式后，我们必须按照测点分布情况顺时针或者逆时针输入点号。我们按照命令行提示语依次输入33、34、35号点（也可以是35、34、33号点，但是不能是33、35、34号点，否则绘制出来的房屋不正确）。

第一点：

鼠标定点P/<点号>：（输入33，回车）

第二点：

鼠标定点P/<点号>：（输入33，回车）

第三点：

鼠标定点P/<点号>：（输入35，回车）

这样绘图窗口中出现由33、34、35号点连成的一间普通房屋。重复上述操作，将37、38、41号点绘成四点棚房；将60、58、59号点绘成四点破坏房子；将12、14、15号点绘成四点建筑中房屋；将50、52、51、53、54、55、56、57号点绘成多点一般房屋；将27、28、29号点绘成四点房屋。

④线状符号的绘制。我们选择草图中的19、20、21号点连成一段陡坎为例，在屏幕菜单中鼠标左键单击"地貌土质/人工地貌"，弹出的对话框中鼠标左键单击"未加固陡坎"，如图2.62所示。

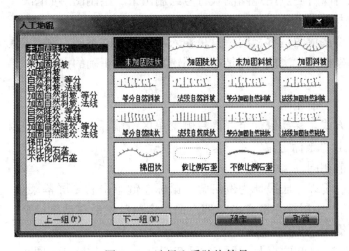

图2.62　选择土质陡坎符号

命令行出现提示语，我们可以根据外业测量的结果给定坎高并输入测点号：

输入坎高：（米）<1.000>输入"0.5"，回车

点 P/<点号>：（输入 19，回车）

点 P/<点号>：（输入 20，回车）

点 P/<点号>：（输入 21，回车）

点 P/<点号>：（回车或按鼠标的右键，结束输入）

拟合吗？<N>（回车或按鼠标的右键，默认输入 N）

从绘制线状地物的第二点开始，输入点号的提示中包含了很多可选择方法，此处省略。注意：绘制这种有方向性的线状地物时，要注意输入点号的顺序，陡坎的坎毛会出现在输入点号的前进方向的左方。此例中如输入顺序为 21、20、19 号点，则坎毛的方向会与之前输入的 19、20、21 号点相反。

同样的方法，在"居民地/垣栅"层找到"依比例围墙"的图标，将 9、10、11 号点绘成依比例围墙的符号；在"居民地/垣栅"层找到"篱笆"的图标，将 47、48、23、43 号点绘成篱笆的符号。

⑤点状符号的绘制。我们选择 2 号点测得的图根点为例，在右侧屏幕菜单中鼠标左键点击"控制点/平面控制点"，弹出的对话框中鼠标左键点击"不埋石图根点"。

命令行出现提示语：

鼠标定点 P/<点号>：（输入"2"，回车）

等级 . 点名：（输入"XIBEI"，回车）

这样，即将出现不埋石图根点的图式符号。重复操作，在"控制点/平面控制点"层中找到"埋石图根点"，输入点号 3，DONGNAN，完成另一图根点的绘制。在"水系设置/水系要素"层中找到"水井"，输入相应的点号 25，完成水井的绘制。在"水系设置/水利设施"层中找到"抽水站"，输入点号 22，完成抽水站的绘制。

这样便可以将所有测点用地图图式符号绘制出来，绘制图形如图 2.63 所示。

（2）屏幕坐标定位成图法。这也是"草图法"工作方式的一种。屏幕坐标定位法成图与测点点号定位法成图基本相同，只是输入测点的方式不同。测点点号定位法是直接输入点号，而屏幕坐标定位法成图则是在绘图窗口中捕捉正确的点位。

操作步骤：

①定显示区。与前相同。

②选择定点方式。移动鼠标至屏幕右侧菜单区，鼠标左键点击"坐标定位"，在出现的下拉菜单中点击"坐标定位"项。

③展点。与前相同。

④绘平面图。仍以作居民地为例讲解。鼠标左键单击右侧屏幕菜单"居民地/普通房屋"，在弹出对话框中鼠标左键点击"四点简单房屋"然后移动鼠标至"OK"处按左键。

这时命令区提示：

1. 已知三点/2. 已知两点及宽度/3. 已知四点<1>：（输入 1，回车，或直接回车默认选 1）

输入点：如图 2.64 所示，移动鼠标至右侧屏幕菜单的"捕捉方式"项，击左键，弹出对话框。再移动鼠标到"NOD"（节点）的图标处按左键，图标变亮表示该图标已被选

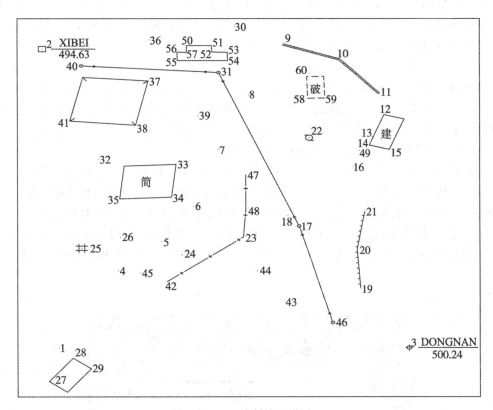

图 2.63　绘制的地形图

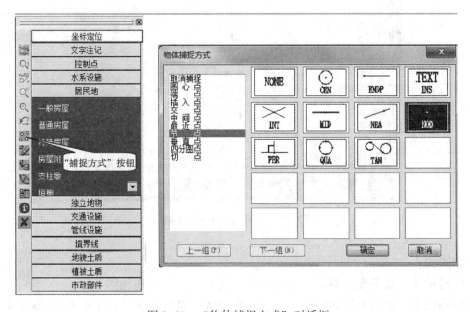

图 2.64　"物体捕捉方式"对话框

中，然后移鼠标至"OK"处按左键。这时鼠标靠近33号点，出现黄色标记，点击鼠标左键，完成捕捉工作。注意：在输入点时，嵌套使用了捕捉功能，选择不同的捕捉方式会出现不同形式的黄颜色光标，适用于不同的情况。

输入点：同上操作捕捉34号点。

输入点：同上操作捕捉35号点。这样，即将33、34、35号点连成一间普通房屋。

注意：如果需要在点号定位的过程中临时切换到坐标定位，可以按"P"键，这时进入坐标定位状态，想回到点号定位状态，再次按"P"键即可。

重复上述操作，我们可以完成整幅地形图的绘制。

（3）简码自动成图法。它也称为带简编码格式的坐标数据文件自动绘图方式，与草图法在野外测量时不同的是，每测一个地物点时都要在电子手簿或全站仪上输入地物点的简编码，简编码一般由一位字母和一或两位数字组成，可参看"南方CASS帮助"。

用户可根据自己的需要通过JCODE.DEF文件定制野外操作简码。鼠标左键点击顶部菜单"文件/CASS系统配置文件"，弹出对话框即可编辑JCODE.DEF文件，如图2.65所示。

图 2.65　简编码定义文件编辑

操作步骤：

①定显示区。此步操作与绘图准备中的"定显示区"操作相同。

②简码识别。简码识别的作用是将带简编码格式的坐标数据文件转换成计算机能识别的程序内部码（又称绘图码）。移动鼠标至顶部菜单"绘图处理/简码识别"项，该处以

高亮度（深蓝）显示，按左键，即出现图2.66所示对话窗。鼠标点击带简编码格式的坐标数据文件名（此以 C：\ Program Files \ Cass90 For AutoCAD2004 \ DEMO \ South. dat 为例），按"打开"按钮。

图2.66　简码识别打开文件对话框

命令出现提示语："简码识别完毕！"

提示语出现的同时，绘图窗口显示自动绘制的平面图，图2.67所示展示了绘出平面图的一部分。

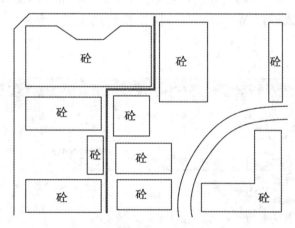

图2.67　简码识别成果

（4）编码引导自动成图法。编码引导自动成图法的外业操作中不需要输入编码，只在内业处理中根据草图编写编码引导文件，完成自动绘图，提高工作效率。编码引导自动成图法操作时需要两个文件，一为编码引导文件，一为坐标数据文件，因此我们也称此方法为"编码引导文件+无码坐标数据文件自动绘图方式"。

编码引导文件是文本文件格式，后缀名为"＊. YD"是"引导"二字的拼音缩写。引导文件中每一行为一地物，每一行的数据组织方式为：地物编码，点号1，…，点号

n，E。

值得注意的是：点号 1，…，点号 n 的排列顺序应与实际顺序一致，点号之间为英文逗号。行尾的字母 E 为地物结束标志，最后一行只有一个字母 E，为文件结束标志。注意：在实际操作中，我们可以省略掉字母 E，直接回车进入下一行数据编辑。引导文件是对无码坐标数据文件的补充，数据文件给定坐标点位点号，引导文件告诉 CASS 这些点号的连接关系、地物类别等，二者结合完成绘图。

操作步骤：

①编辑引导文件。

●新建一文本文件，并且将文本文件的后缀名从"＊.txt"改为"＊.YD"，文件名一般修改成与坐标数据文件名相同。

●用文本编辑器打开此文本文件，根据编码引导文件编制的规范，将每个地物编辑成一行编码数据，每行数据完成回车。注意：最后一行数据编辑完成一定要回车，否则最后一个地物无法绘制。

●编码引导文件编制完成后可保存文件并与坐标数据文件放到同一文件目录下。

我们还可根据自己的需要定制野外操作简码，通过编辑 C：\ Program Files \ Cass90 For AutoCAD2004 \ SYSTEM \ JCODE. DEF 文件即可实现。

②定显示区。此步操作与"测点点号定位"法作业流程的"定显示区"的操作相同。

③编码引导。移动鼠标至顶部菜单栏，左键点击"绘图处理/编码引导"项，即出现图 2.68 所示对话窗。输入编码引导文件名 C：\ Program Files \ Cass90ForAutoCAD2004 \ DEMO \ WMSJ. YD，或通过 Windows 窗口操作找到此文件，然后用鼠标左键选择"确定"。

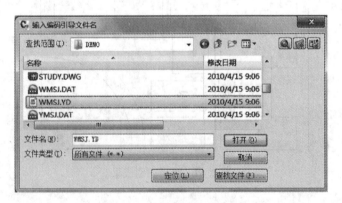

图 2.68　输入引导文件名

接着，屏幕出现图 2.69 所示对话窗。要求输入坐标数据文件名，此时输入 C：\ Program Files \ Cass90ForAutoCAD2004 \ DEMO \ WMSJ. DAT。

此时，屏幕窗口中显示出按照这两个文件自动生成的图形，如图 2.70 所示。

2）地物编辑

一款功能完备的数字测图软件除了要具备操作方便的图形绘制功能，强大的图形编辑

56

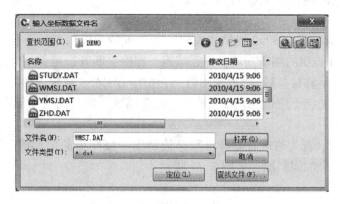

图 2.69 输入坐标文件名

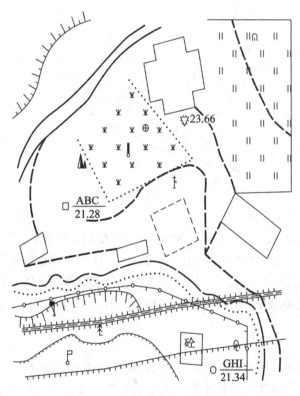

图 2.70 编码引导自动绘出图形

功能也是必不可少的。这是因为在大比例尺数字测图的过程中，由于实际地形、地物的复杂性，漏测、错测是难以避免的。南方 CASS9.0 是一套功能强大的图形编辑系统，能够对所测地图进行屏幕显示和人机交互图形编辑，在保证精度情况下消除相互矛盾的地形、地物，对于漏测或错测的部分，及时进行外业补测或重测。南方 CASS9.0 还有利于用于是对大比例尺数字化地图的更新，可以借助人机交互图形编辑，根据实测坐标和实地变化情况，随时对地图的地形、地物进行增加或删除、修改等，以保证地图具有很好的现势性。

对于图形的编辑，CASS9.0 提供"编辑"和"地物编辑"两种下拉菜单，其中，"编辑"是由 AutoCAD 提供的编辑功能：图元编辑、删除、断开、延伸、修剪、移动、旋转、比例缩放、复制、偏移拷贝等，"地物编辑"是由南方 CASS 系统提供的对地物编辑功能：线型换向、植被填充、土质填充、批量删剪、批量缩放、窗口内的图形存盘、多边形内图形存盘等。

（1）图形重构。首先通过右侧屏幕菜单绘制出一幅简单的地形图，其中包含一块茶园、一段围墙、一个加固斜坡，如图 2.71 所示。

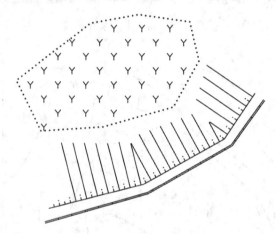

图 2.71　图形重构前

对于特殊线型的地图符号，南方 CASS 软件自 4.0 版本以来，都设计了骨架线的概念，复杂地物的主线一般都有独立编码的骨架线。用鼠标左键点取骨架线，再点取显示蓝色方框的节点使其变红，移动到其他位置，或者将骨架线移动位置，效果如图 2.72 所示。

将鼠标移至"地物编辑"菜单项，按左键，选择"图形重构"功能（也可选择左侧工具条的图形重构）

命令区提示：

选择需重构的实体：<重构所有实体>回车表示对所有实体进行重构功能，则绘图窗口图形会根据移动后的骨架线进行重绘，重绘结果如图 2.73 所示。

（2）改变比例尺。如图 2.74 所示，我们针对这幅图进行改变比例尺操作。

操作步骤：

鼠标移动到顶部菜单栏，左键单击"绘图处理/改变当前图形比例尺"，则命令行会提示当前比例尺，要求输入目标比例尺，提示是否改变符号大小。

命令行提示：

当前比例尺为　1：1000

输入新比例尺<1：1000>　1：（输入 500，回车）

58

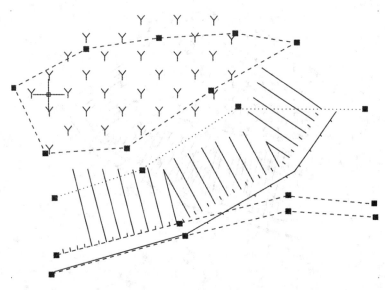

图 2.72　移动骨架线后

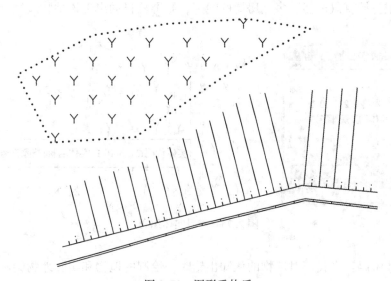

图 2.73　图形重构后

是否自动改变符号大小？（1）是（2）否 <1>　　（输入 1，回车）

这时屏幕显示的图就转变为 1：500 的比例尺，各种地物包括注记、填充符号都已按 1：500 的图示要求进行转变。

（3）查看及加入实体编码。将鼠标移至顶部菜单栏，鼠标左键点击"数据处理/查看实体编码"项。

命令区提示：

选择图形实体<直接回车退出>

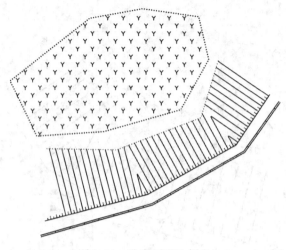

图 2.74　改变图形比例尺

此时绘图窗口中的十字光标变成一个方框，选择图形，则屏幕弹出如图 2.75 中左侧属性信息，或直接将鼠标移至多点房屋的线上，则屏幕自动出现该地物属性（图 2.75）。

图 2.75　查看实体编码

加入实体编码：当我们对地物的认知出错时，绘制的地物和实际地物会不一致，这样就需要重新绘制，但是，我们可以通过加入实体编码来将其修正成正确地物符号，而不需要重绘。将鼠标移至顶部菜单栏，鼠标左键点击"数据处理/加入实体编码"项。

命令行提示：

输入代码（C）/<选择已有地物>（直接输入正确地物的实体编码，也可以通过选择相同的地物来得到要赋值的实体编码）

选择要加属性的实体：（绘图窗口中的十字光标变成一个方框，选择需要改正的地物符号，此例中选择图 2.76 中的茶园，图形重绘如图 2.76 所示）

选择对象：（找到 35 个，1 个编组）

（4）线型换向。实际绘图中，很多方向性的线状地物经常发生方向画反的情况，因

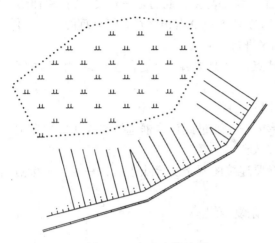

图 2.76　加入实体编码

图 2.77　复合线处理菜单

此常用的地物编辑菜单中增加了线型换向功能。

将鼠标移至顶部菜单栏，鼠标左键点击"地物编辑/线型换向"项。

命令区提示：

请选择实体：

转换为小方框的鼠标光标移至需要进行换向的线状地物上，点击左键。这样，线型方向会转向。

（5）坎高的编辑。将鼠标移至顶部菜单栏，鼠标左键点击"地物编辑/修改坎高"项，则在陡坎的第一个节点处出现一个十字丝。

命令区提示：

选择陡坎线

请选择修改坎高方式：（1）逐个修改（2）统一修改 <1>

当前坎高 = 1.000 米，输入新坎高<默认当前值>：（输入新值，回车，或直接回车默认 1 米）

十字丝跳至下一个节点，命令区提示：

当前坎高 = 1.000 米，输入新坎高<默认当前值>：（输入新值，回车，或直接回车默认 1 米）

如此重复，直至最后一个节点结束。这样便将坎上每个测量点的坎高进行了更改。

若选择修改坎高方式中选择 2，则提示：

请输入修改后的统一坎高：<1.000>（输入要修改的目标坎高，则将该陡坎的高程改为同一个值）

（6）复合线处理。在大比例尺地形图的图形编辑中，地物符号所用的大部分是复合线，因此对于图形的编辑，很大一部分工作量都与复合线的处理有关，例如编辑房屋时经常会出现多段线的打断、连接等操作。南方 CASS9.0 有很多符合线处理的命令可供使用。

下面以"相邻的复合线连接"为例来进行说明（图 2.77）。

将鼠标移至顶部菜单栏，鼠标左键点击"地物编辑/复合线处理/相邻的复合线连接"项。

命令行提示：

选择第一条线：（十字光标变成矩形方框，通过此拾取框选择要连接的两条复合线中的一条，鼠标点击位置要靠近两条的接合处）

选择第二条线：（通过此拾取框选择要连接的两条复合线中的另一条，鼠标点击位置同样要靠近两条的接合处）

选取完成后，两条复合线即连接成一条复合线。

3）文字注记

在大比例地形图绘图中，文字注记也是地形图绘制中的重要一项。需要对单位名、道路名、河流湖泊名等名称进行注记，需要对地物的属性进行注记，如道路的性质（沥青、水泥等）、建筑物的属性（结构、层数等）、森林的树种（梨等）。

我们需要学习的是文字的输入、修改，字体字号的编辑。

（1）注记的输入和编辑。将鼠标移到右侧屏幕菜单，鼠标左键点击"文字注记/通用注记"项，弹出如图 2.78 所示对话框，在对话框中根据规范来设置适当的注记排列方式、注记类型、文字大小、字头朝向，输入要注记的文字，按"确定"即可。

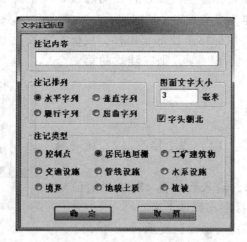

图 2.78　"文字注记信息"对话框

命令行提示：

请输入注记位置（中心点）：（移动鼠标，使绘图窗口中的十字光标移动到需要注记的位置，鼠标左键单击来放置文字注记）

当文字注记到地形图后，我们可以鼠标双击此文字注记，在弹出的对话框中修改文字内容，如图 2.79 所示，当文字内容修改好后，鼠标左键单击"确定"即可完成注记内容的编辑修改工作。

图 2.79　编辑文字注记

  还有一些常用的注记，可以通过鼠标单击右侧屏幕菜单中"文字注记/常用文字"项来翻页选择要的注记，找到后，用鼠标双击标有注记的图标或用鼠标选取后单击"OK"按钮确定。在这里注记的汉字的字高在 1∶1000 时恒为 3.0mm，如果想改变字体的大小，可以使用顶部菜单栏"地物编辑/批量缩放/文字"菜单来操作。

  文字注记还可以通过顶部菜单中的"工具/文字"子菜单，根据命令行的提示输入注记内容，字高、指定注记位置来输入。

  （2）变换字体。鼠标移到右侧屏幕菜单，鼠标左键点击"文字注记/变换字体"项，弹出的对话框中有测量中常用的字体，用鼠标左键单击需要的字体，按"确定"完成字体的变换。

  此对话框也可通过鼠标单击顶部菜单栏"工具/文字/变换字体"项来调用。

  （3）定义字型。鼠标移到右侧屏幕菜单，鼠标左键点击"文字注记/定义字型"项，弹出的对话框如图 2.80 所示，通过对话框来设定需要的字型，按"应用"，完成字体的变换。

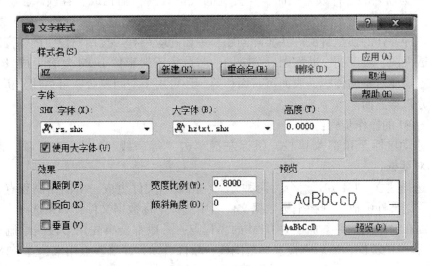

图 2.80　定义字型

  此对话框也可通过鼠标单击顶部菜单栏"工具/文字/定义字型"项来调用。

  文字的输入和编辑除了可以通过右侧屏幕菜单，在顶部菜单栏"工具/文字"中还许多实用命令，大家可以通过实践操作来学习。

3. 绘制等高线

白纸测图中，手工比例内插描绘的等高线效率不高、精度较低，而数字测图等高线是用 CASS 软件通过建立数字地面模型（DTM）自动生成的。

在南方 CASS9.0 中，我们对于等高线的绘制步骤是先展高程点，根据高程点生成数字地面模型（DTM），然后在数字地面模型上生成等高线，最后对等高线进行编辑和注记，最终完成等高线的绘制。

1）展高程点

操作步骤：

（1）定显示区。同前述绘图准备中的定显示区操作相同。

（2）展高程点。鼠标移到顶部菜单栏，鼠标左键点击"绘图处理/展高程点"项，弹出的对话框同定显示区时弹出对话框相同，如图 2.57 所示，打开文件 C：\Program Files\Cass90 For AutoCAD2004\DEMO\Dgx. dat。

命令区提示：

注记高程点的距离（米）：（根据规范要求输入高程点注记距离（即注记高程点的密度），回车默认为注记全部高程点的高程）

这时，所有高程点和控制点的高程均自动展绘到图上。

2）建立 DTM

数字地面模型（DTM）是在一定区域范围内规则格网点或三角网点的平面坐标（x，y）和其地物性质的数据集合，如果此地物性质是该点的高程，则此数字地面模型又称为数字高程模型（DEM）。这个数据集合从微分角度三维地描述了该区域地形地貌的空间分布。DTM 作为新兴的一种数字产品，与传统的矢量数据相辅相成、各领风骚，在空间分析和决策方面发挥出越来越大的作用。借助计算机和地理信息系统软件，DTM 数据可以用于建立各种各样的模型解决一些实际问题，主要的应用有：按用户设定的等高距生成等高线图、透视图、坡度图、断面图、渲染图、与数字正射影像 DOM 复合生成景观图，或者计算特定物体对象的体积、表面覆盖面积等，还可用于空间复合、可达性分析、表面分析、扩散分析等方面。

建立 DTM 的操作步骤：

（1）移动鼠标至顶部菜单栏，鼠标左键单击"等高线/建立 DTM"项，出现如图 2.81 所示对话框。

（2）选择建立 DTM 方式。分为两种方式：由数据文件生成、由图面高程点生成。如果选择由数据文件生成，则在坐标数据文件名中选择坐标数据文件；如果选择由图面高程点生成，则在绘图区选择参加建立 DTM 的高程点，一般都会事先用多段线绘制要参加建立 DTM 高程点的范围，然后直接选择范围线，软件自动判断哪些点用来建立 DTM。

在坐标数据文件名一栏，鼠标点击 ... 按钮来选中要建立 DTM 的坐标数据文件，此例中我们打开文件 C：\ Program Files \ Cass90 For AutoCAD2004 \ DEMO \ Dgx. dat。

（3）选择结果显示，分为三种：显示建三角网结果、显示建三角网过程和不显示三角网。

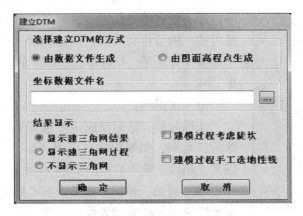

图 2.81 输入建立 DTM 的高程数据文件

最后选择在建立 DTM 的过程中是否考虑陡坎和地性线，考虑陡坎是指在建立 DTM 前自动沿着坎毛方向插入坎底点，坎底点的高程等于坎顶线上已知点的高程减去坎高，新建的坎底点将参与 DTM 三角网组网的计算。一般都使用默认选项。建立的 DTM 如图 2.82 所示，建立的三角网位于 CASS 的 "SJW" 层。

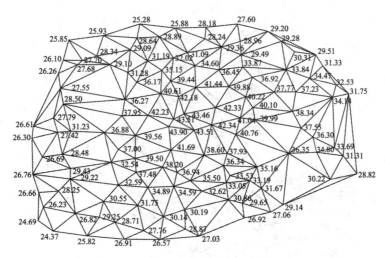

图 2.82　建立三角网

3）修改 DTM

对于外业采集的坐标点，其中很多不适于用来建立 DTM，如楼顶上的控制点、城市中的大量人工建筑物的特征点等。由 CASS 自动构成的数字地面模型与实际地貌很难一致，而生成等高线在修建又加大了工作量，这时我们可以通过修改三角网来处理这些局部不合理的地方。南方 CASS9.0 针对三角网的修建提供了众多命令，如图 2.83 所示。

操作步骤：

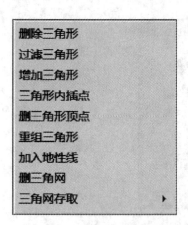

图 2.83　三角网修改菜单

（1）删除三角形。测量规范中规定房屋、道路、河流等内部不能有等高线通过，因此这些局部内部没有等高线通过的，则可将其局部内部相关的三角形删除。删除三角形的操作方法是：鼠标单击顶部菜单栏"等高线/删除三角形"项。

命令区提示：

选择对象：鼠标变成矩形选择框，这时便可选择要删除的三角形，如果误删，可用"U"命令将误删的三角形恢复。删除三角形后如图 2.84 所示。

（2）过滤三角形。如果出现 CASS9.0 在建立三角网后点无法绘制等高线或者绘出的等高线不光滑，可过滤掉部分形状特殊的三角形。软件可根据用户输入的符合三角形中最小角的度数或三角形中最大边长最多大于最小边长的倍数等条件的三角形来过滤某些内角太小三角形的或边长悬殊太大的三角形。

命令行提示：

请输入最小角度：（0.30）<10 度>：

请输入三角形最大边长最多大于最小边长的倍数：<10.0 倍>：

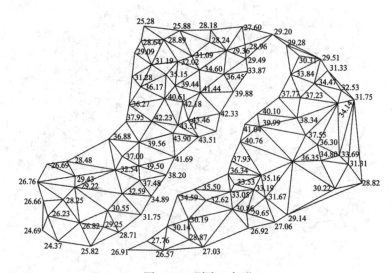

图 2.84　删除三角形

（3）增加三角形。在已形成的三角网上需要增加三角形时，可选择"等高线"菜单中的"增加三角形"项，依照屏幕的提示，在要增加三角形的地方用鼠标点取，如果点取的地方没有高程点，系统会提示输入高程。

（4）三角形内插点。单击顶部菜单栏"等高线/三角形内插点"项，光标移动，拾取框点取屏幕上任意三个点可以增加一个三角形，当所点取的点没有高程时，命令行提示

"高程（米）＝"时，输入此点高程。

（5）删三角形顶点。用此功能可将所有由该点生成的三角形删除。这个功能常用在发现某一点坐标错误时，要将它从三角网中剔除的情况。

（6）重组三角形。指定两相邻三角形的公共边，系统自动将两三角形删除，并将两三角形的另两点连接起来构成两个新的三角形，这样做可以改变不合理的三角形连接。如果因两三角形的形状特殊无法重组，则会有出错提示。

（7）删三角网。生成等高线后就不再需要三角网了，为了方便对等高线进行处理，用此功能可将整个三角网全部删除。

（8）修改结果存盘。通过以上命令修改了三角网后，必须运行"等高线"菜单中的"修改结果存盘"命令，把修改后的数字地面模型存盘，否则修改无效。当命令区显示："存盘结束！"时，表明操作成功。

4）绘制等高线

完成了展点、建 DTM 及修改 DTM 操作后，我们就可以开始等高线的绘制。鼠标移动到顶部菜单栏，左键点击"等高线/绘制等高线"项，弹出如图 2.85 所示的对话框。

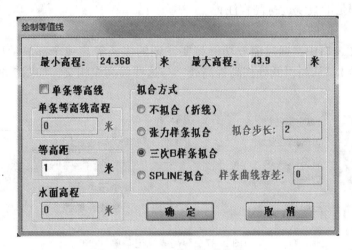

图 2.85　三角网修改菜单

在对话框中根据当前地形图的比例尺输入正确的等高距，然后选择等高线的拟合方式。总共有四种拟合方式：

①不拟合（折线），直接用折线相连，仅用于观察等高线效果；

②张力样条拟合，数据量比较大，速度慢，是最忠实于地形的光滑曲线；

③三次 B 样条拟合，等高线最光滑，但会有少许变形；

④SPLINE 拟合，断开后仍然是样条曲线，可以进行后续编辑修改。

等高线绘制完成后如图 2.86 所示，可利用"等高线/删三角网"来删除三角网方便修剪等高线。

等高线绘制完成后，需要为等高线注记高程。南方 CASS9.0 提供了为等高线批量注记高程的功能，在顶部菜单栏的等高线主菜单中有等高线注记的功能子菜单。

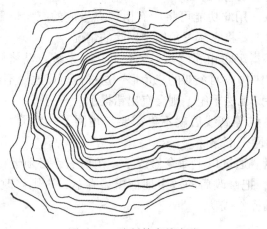

图 2.86　绘制等高线完成

单个高程注记可以选择单条等高线进行注记，沿直线高程注记则是批量进行等高线注记。一般工作都是沿直线进行高程注记。

沿直线高程注记的步骤：

（1）在绘图窗口中，通过缩放功能将要注记的多条等高线全部显示出来。绘制一条多段线（pl 命令），从高程低处往高程高处，与这些等高线相交，如图 2.87 所示。

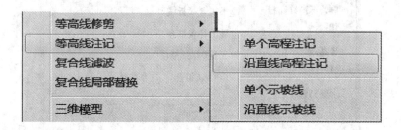

图 2.87　等高线注记菜单

（2）鼠标左键单击"等高线/等高线注记/沿直线高程注记"，命令行提示：

请选择：（1）只处理计曲线（2）处理所有等高线<1>（输入"2"，回车）

选取辅助直线（该直线应从低往高画）：（<回车结束>十字光标编程矩形拾取框，点击在上一步骤中绘制的辅助直线）

等高线注记绘制完成，如图 2.88 所示。

5）等高线修剪

（1）等高线修剪。鼠标左键单击"等高线/等高线注记/等高线修剪"（图 2.89）。首先选择消隐还是修剪等高线，然后选择整图处理还是手工选择需要修剪的等高线，最后选择地物和注记符号，单击"确定"后会根据输入的条件修剪等高线。

整图处理：整图处理就是自动处理，整图处理提高效率，但是容易有错漏。

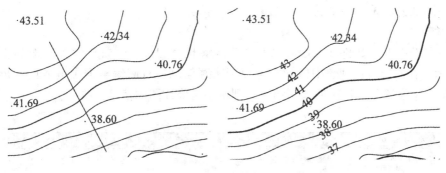

图 2.88　等高线注记

手工选择：手工选择要处理的地物。

（2）切除指定二线间等高线。一般道路，河流等有两条线构成的地物内部不通过等高线，我们就可以利用"切除指定二线间等高线"功能来完成这些地物的等高线修剪。

操作步骤：

鼠标左键单击"等高线/等高线修剪/切除指定二线间等高线"。

命令行提示：

选择第一条线：（十字光标变成矩形拾取框，选择二线中的一条）

选择第二条线：（选择二线中的另一条，二线选择完成后程序自动切除二线中的等高线并刷新绘图窗口）

（3）切除指定区域内的等高线。房屋、湖泊等区域内也不通过等高线，这些地物内的等高线则可用"切除指定区域内的等高线"功能来完成。

操作步骤：

鼠标左键单击"等高线/等高线修剪/切除指定区域内的等高线"。

命令行提示：

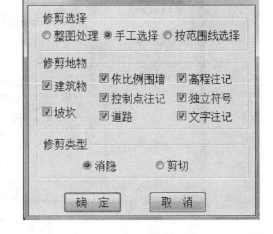

图 2.89　"等高线修剪"对话框

选择要切除等高线的封闭复合线：（十字光标变成矩形拾取框，选择构成地物的封闭复合线）

4. 图幅整饰

对于绘制好的地形图，我们需要对它进行整饰然后出图，这就需要进行图形分幅、批量加图框、图框设置等操作。南方 CASS9.0 也为图幅整饰提供了多种实用功能。

1）图框设置

设置地形图框的图廓要素。Cass9.0 使用的是 2007 版图式，用户可根据自己的要求，编辑图廓要素的字体，注记内容。CASS9.0使用的图式版本是 GB/T 20257.1.2007，此图式的标准图框内已无"测量员"、"绘图员"等信息。

操作步骤：

鼠标左键单击"文件/CASS 参数设置"。弹出"CASS9.0 综合设置"对话框，如图2.90所示。在左边属性列表中鼠标左键单击图廓信息，右侧编辑框中输入此地形图相应的图廓信息。设置后，每次插入图幅时，则不用再修改图廓信息。

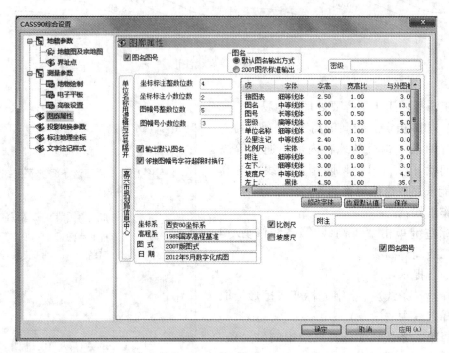

图 2.90 图廓信息设置

2）图形分幅

（1）批量分幅。若图形较小，则可以直接加图框；如图形较大，则需先进行批量分幅。

操作步骤：

①将鼠标移至顶部菜单栏，鼠标左键单击"绘图处理/批量分幅/建方格网"菜单项。
命令区提示：

请选择图幅尺寸：（1）50 * 50（2）50 * 40（3）自定义尺寸<1>（按要求选择，此处直接回车默认选"1"）

输入测区一角：（在图形左下角点击左键）

输入测区另一角：（在图形右上角点击左键）

请输入批量分幅的取整方式<1>取整到图幅 <2>取整到十米 <3>取整到米（1）：（按要求输入，此处输入"2"）

此时方格网根据要求建好了，如图 2.91 所示，方格网存储在"TK"层中。

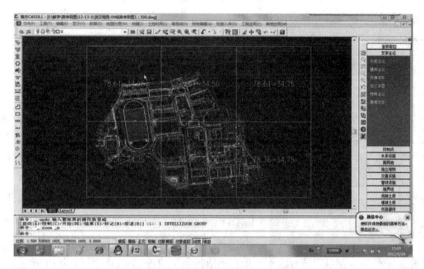

图 2.91　批量分幅输出到文件

②批量输出到文件。将鼠标移至顶部菜单栏，鼠标左键单击"绘图处理/批量分幅/批量输出到文件"，在弹出的对话框中确定输出图幅的存储目录名，然后点"确定"即可批量输出图形到指定的目录。这样，在所设目录下就产生了各个分幅图，每个分幅图都自动加上图框，并以各个分幅图的左下角的东坐标和北坐标结合起来命名，如图 2.92 所示。如果要求输入分幅图目录名，可直接回车，则各个分幅图自动保存在安装了 CASS 9.0 的驱动器的根目录下。

名称 ▲	修改日期	类型	大小
78.36-34.24.dwg	2012/9/14 12:31	AutoCAD 图形	156 KB
78.36-34.49.dwg	2012/9/14 12:31	AutoCAD 图形	310 KB
78.36-34.74.dwg	2012/9/14 12:31	AutoCAD 图形	89 KB
78.61-34.24.dwg	2012/9/14 12:31	AutoCAD 图形	166 KB
78.61-34.49.dwg	2012/9/14 12:31	AutoCAD 图形	216 KB
78.61-34.74.dwg	2012/9/14 12:31	AutoCAD 图形	35 KB

图 2.92　批量分幅输出到文件以坐标命名

（2）任意分幅及地形图整饰。对于不需要批量分幅的地形图，我们可根据工程需要用标准图幅（50cm×50cm，50cm×40cm）来进行图幅整饰，或者也可以用任意分幅进行图幅整饰。此处以任意图幅为例。

操作步骤：

①将鼠标移至顶部菜单栏，鼠标左键单击"绘图处理/任意图幅"，在弹出的对话框中输入图名、附注、图幅尺寸、接图表、图框坐标信息等，并同时设置图幅的取整方式、是否删除图框外实体等图框相关信息，如图 2.93 所示。

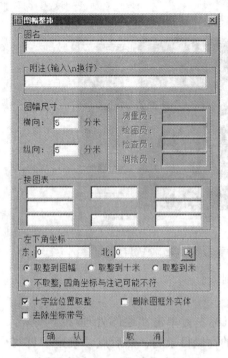

图 2.93 "图幅整饰"对话框

②对话框中的图框左下角坐标可以直接输入，也可以按下 ⊠ 按钮。

命令行提示：

请指定图框左下角：

绘图窗口鼠标变成十字丝，当鼠标左键按下，当前鼠标的位置坐标则作为图框左下角点坐标填入东、北两个文本编辑框。

若取整方式设置的不同，则图框左下角点坐标也会根据输入的坐标进行相应的取整。

注意：如果只是观察图框效果，则不勾选"删除图框外实体"项；如确定要完成图幅整饰并输出，则应该勾选"删除图框外实体"项。CASS 自动按照对话框的设置以内图框为边界，自动修剪掉内图框外的所有对象。

3）图面检查

大比例尺数字地形图内业检查的主要内容分四项，分别是地理精度检查、数学基础检查、整饰质量检查、入库检查。

（1）地理精度检查。主要包括各种地形图要素要与现实表现一致，各种地理要素的表示要协调一致，注记和符号的表示需符合图式要求，恰当地进行综合取舍，图面要求清晰、美观、图廓整饰正确完整等。

（2）数学基础检查。主要检查所用坐标系统的正确性，图廓线坐标及控制点坐标的正确性检查，图幅接边检查等。

（3）整饰质量检查。线划要求光滑、清晰，线型要符合规定，要正确进行名称、性质、高程等的注记，注记的位置要合理，字体、字号及方向要符合规定，尽量不要压盖地物及点状符号，各种地理要素关系要正确，不要有压盖、重叠等现象。

（4）入库检查。如绘制的数字地形图的最终目的是转入 GIS 系统的数据库，入库的数据必须根据 GIS 系统要求进行检查，主要内容有：属性与编码的一致性、图层与颜色的一致性、格式一致性、拓扑关系的正确性、多边形闭合等。

5. 绘图输出

1）绘图仪使用

Windows2000/XP 系统具有即插即用的功能，所以当安装即插即用外设时，在计算机关闭状态下，用相应的电缆线把要安装的设备与计算机的并口（或串口）连接起来，再打开计算机进入操作系统以后，计算机将自动检测当检测到新的设备时，系统将提示用户安装相应的驱动程序，把带有驱动程序的磁盘放入软驱中，根据提示进行操作，就可自动完成新设备的安装。

在 CASS 9.0 中，为绘图仪的安装准备了安装向导，因此我们可以在 CASS9.0 下安装绘图仪。

（1）添加绘图仪。用鼠标点取"文件"菜单下的"绘图输出/打印机管理器"子菜单，屏幕上弹出资源管理器，如图 2.94 所示，鼠标点击"添加绘图仪向导"项。

名称 ▲	修改日期	类型	大小
PMP Files	2012/9/12 10:10	文件夹	
Default Windows System Printer.pc3	2003/3/3 19:36	AutoCAD 绘图仪配置文件	2 KB
DWF6 ePlot.pc3	2003/11/22 0:45	AutoCAD 绘图仪配置文件	5 KB
DWFx ePlot (XPS Compatible).pc3	2007/6/21 9:17	AutoCAD 绘图仪配置文件	5 KB
DWG To PDF.pc3	2008/10/23 8:32	AutoCAD 绘图仪配置文件	2 KB
PublishToWeb JPG.pc3	1999/12/7 20:53	AutoCAD 绘图仪配置文件	1 KB
PublishToWeb PNG.pc3	2000/11/21 23:18	AutoCAD 绘图仪配置文件	1 KB
添加绘图仪向导	2012/9/12 10:10	快捷方式	1 KB

图 2.94　打开"添加绘图仪向导"

用鼠标双击"添加绘图仪向导"项目，屏幕上弹出"添加绘图仪-简介"页，单击"下一步"，如图 2.95 所示。

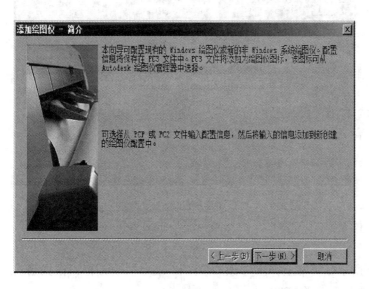

图 2.95　"添加绘图仪-简介"对话框

屏幕上弹出"添加绘图仪-开始"对话框，单击"我的电脑"，连接到本地计算机上的打印机，然后单击"下一步"，如图 2.96 所示。

屏幕上弹出"添加绘图仪-绘图仪型号"对话框，在"生产商"下选择绘图仪生产商，在"型号"下选择绘图仪型号，然后单击"下一步"，如图 2.97 所示。

屏幕上弹出"添加绘图仪-输入 PCP 或 PC2"对话框，单击"下一步"，如图 2.98

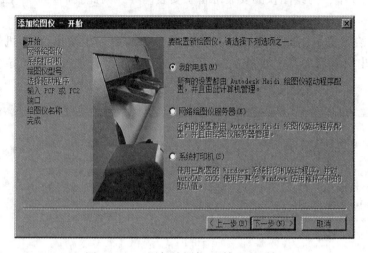

图 2.96　"添加绘图仪-开始"对话框

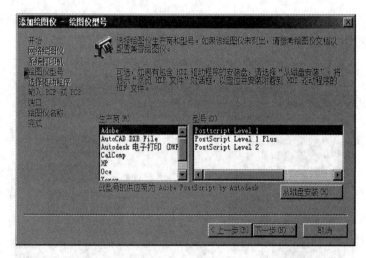

图 2.97　"添加绘图仪-绘图仪型号"对话框

所示。

如图 2.99 所示，屏幕上弹出"添加绘图仪-端口"对话框，根据当前绘图仪的接口选择端口，一般情况下选择 LPT1。

屏幕上弹出"添加打印机-绘图仪名称"对话框，指定打印机名称，单击"下一步"，如图 2.100 所示。

屏幕上弹出"添加绘图仪-完成"对话框，单击"完成"，则完成添加绘图仪的过程，如图 2.101 所示。

（2）配置绘图仪。在添加绘图仪之后，在打印机管理器文件夹中创建了一个新的绘图仪配置文件，如图 2.102 所示。

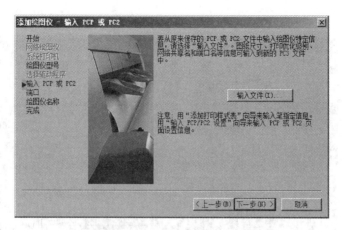

图 2.98   "添加绘图仪-输入 PCP 或 PC2" 对话框

图 2.99   "添加绘图仪-端口 "对话框

图 2.100   "添加绘图仪-绘图仪名称 "对话框

添加绘图仪 - 完成
开始
网络绘图仪
系统打印机
绘图仪型号
选择驱动程序
输入 PCP 或 PC2
端口
绘图仪名称
完成
绘图仪 Postscript Level 1 已安装并使用了默认配置设置。要修改默认设置，请选择"编辑绘图仪配置"。
编辑绘图仪配置(P)...
可选，要校准新配置的绘图仪，并检查图形测量单位的精确度，请选择"校准绘图仪"。
校准绘图仪(C)...
<上一步(B)
完成(F)
取消

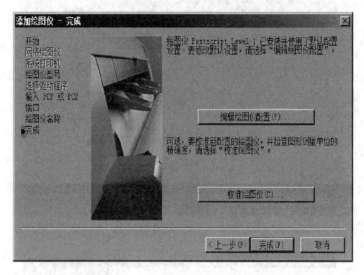

图 2.101 “添加绘图仪-完成”对话框

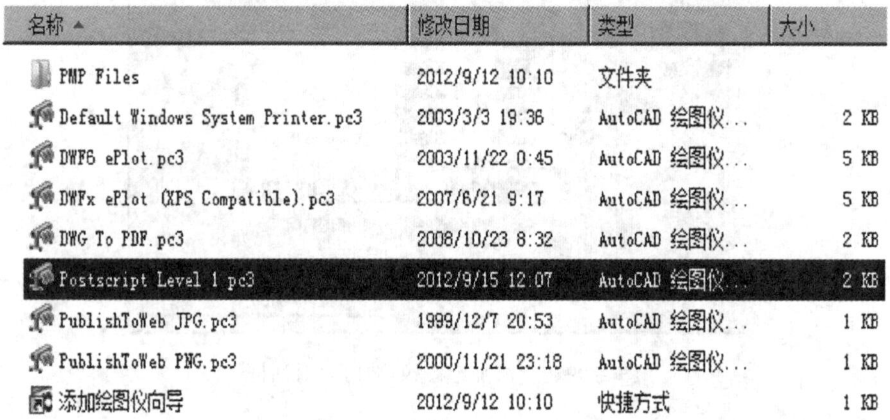

名称
修改日期
类型
大小
PMP Files 2012/9/12 10:10 文件夹
Default Windows System Printer.pc3 2003/3/3 19:36 AutoCAD 绘图仪... 2 KB
DWF6 ePlot.pc3 2003/11/22 0:45 AutoCAD 绘图仪... 5 KB
DWFx ePlot (XPS Compatible).pc3 2007/6/21 9:17 AutoCAD 绘图仪... 5 KB
DWG To PDF.pc3 2008/10/23 8:32 AutoCAD 绘图仪... 2 KB
Postscript Level 1.pc3 2012/9/15 12:07 AutoCAD 绘图仪... 2 KB
PublishToWeb JPG.pc3 1999/12/7 20:53 AutoCAD 绘图仪... 1 KB
PublishToWeb PNG.pc3 2000/11/21 23:18 AutoCAD 绘图仪... 1 KB
添加绘图仪向导 2012/9/12 10:10 快捷方式 1 KB

图 2.102 创建新的绘图仪配置文件

用鼠标双击要进行配置的绘图仪配置文件，屏幕上弹出“绘图仪配置编辑器”对话框，如图 2.103 所示。用鼠标单击“端口”，屏幕弹出端口栏，根据绘图仪的接口点击相应的选项，如图 2.104 所示。

在“设备和文档设置”树列表的“介质”中，用鼠标单击“源和大小”，如图 2.105 所示，在“源”中选择“卷筒送纸”或“单张纸“，在“宽度”中选择纸的宽度，在“大小”中选择纸的尺寸。用鼠标双击“介质类型“，如图 2.106 所示。

2）地形图输出

在打印机或者绘图仪设置好后，可以通过顶部菜单栏的“文件/绘图输出/打印”项来完成地形图的输出，如图 2.107 所示。

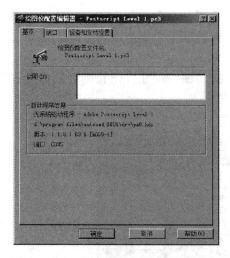

图 2.103　"绘图仪配置编辑器"对话框

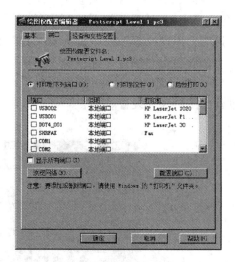

图 2.104　"绘图仪配置编辑器中的端口"选项卡

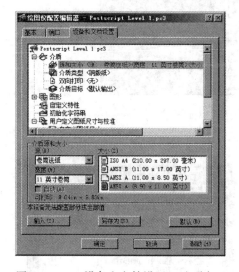

图 2.105　"设备和文档设置"选项卡 1

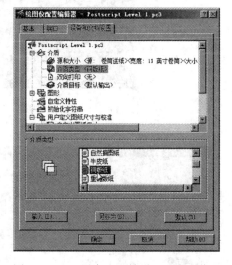

图 2.106　"设备和文档设置"选项卡 2

（1）打印机设置。首先，在"打印机/绘图仪"框中的"名称（M）："一栏中选相应的打印机，然后单击"特性"按钮，进入"绘图仪配置编辑器"。

①在"端口"选项卡中选取"打印到下列端口（P）"单选按钮并选择相应的端口，如图 2.108 所示。

②在"设备和文档设置"选项卡中，选"用户定义图纸尺寸与标准"分支选项下的"自定义图纸尺寸"，如图 2.109 所示。在"自定义图纸尺寸"页面，可以根据用户的特殊尺寸，单击"添加"按钮，添加一个自定义图纸尺寸。

③对于非彩色打印机或者绘图仪，我们需要将图形输出设置成黑白两色。如图 2.110 所示，在"设备和文档设置"中，点击"图形"前的"+"号，点击"图形"列表中的

"矢量图形"，在"分辨率和颜色深度"框中，把"颜色深度"框里的单选按钮框置为"单色（M）"，然后，把下拉列表的值设置为"2级灰度"，单击最下面的"确定"按钮，这时，出现"修改打印机配置文件"窗，在窗中选择"将修改保存到下列文件"单选钮。最后单击"确定"完成。

（2）如图 2.107 所示，把"图纸尺寸"框中的"图纸尺寸"下拉列表的值设置为先前创建的图纸尺寸设置。

图 2.107 "打印-模型"对话框

图 2.108 端口设置

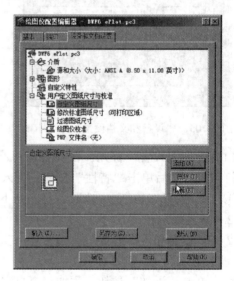

图 2.109 设备和文档设置

78

（3）把"打印区域"框中的下拉列表的值置为"窗口"，下拉框旁边会出现按钮"窗口"，单击"窗口（O）<"按钮，鼠标指定打印窗口。

（4）把"打印比例"框中的"比例（S）:"下拉列表选项设置为"自定义"，在"自定义:"文本框中输入"1"毫米＝"0.5"图形单位（1:500的图为"0.5"图形单位；1:1000的图为"1"图形单位，依此类推）。

如图2.111所示，预览正确，即可点击预览页面顶部工具栏的工具按钮 来打印输出。

图2.110　矢量图形设置

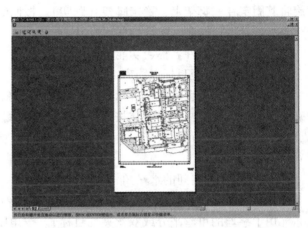

图2.111　打印预览

◎ **习题和思考题**

1. 数字测图中全站仪图根控制测量有哪几种方法？
2. 简述利用全站仪进行野外数据采集的步骤。
3. 简述利用GPS-RTK进行朝外数据采集的步骤。
4. 什么是数据编码？数据采集时为什么要采集编码？
5. 分别简述全站仪和GPS-RTK数据通讯的步骤。
6. 对某一测区，绘制草图，要求标注地物、地貌特征点的粗略位置。
7. 南方CASS9.0数字成图软件绘制平面图，主要有哪几种成图方法？
8. 简述南方CASS9.0数字成图软件绘制等高线的步骤。

<h2 style="text-align:center">实训1　全站仪的操作及野外数据采集</h2>

1. 实训目的

（1）了解全站仪的构造，熟悉各部件的名称、功能及应用。
（2）掌握全站仪的使用方法，学会距离测量、角度测量及坐标测量。

（3）掌握全站仪野外数据采集的操作方法。

2. 实训仪器工具

每组借领全站仪 1 台套，棱镜 2 个，温度计 1 个，气压计 1 个，小钢尺 1 把。

3. 实训方法步骤

1）仪器安置

将三脚架张开，架头大致水平，高度适中，然后从仪器箱中取出全站仪，用中心连接螺旋将其固定在三脚架上，稳定脚架（踩实）。按照经纬仪对中、整平的方法将全站仪对中、整平。量取仪器高、温度和气压。

熟悉全站仪各部件名称、功能及操作。

2）测定测站点至目标点距离

松开制动螺旋，粗略照准目标，经过调焦使物像清晰，拧紧制动螺旋，使用微动螺旋精确照准目标，按键测量（具体按键操作见"距离测量"相关内容），测定出测站点至目标点的水平距离和斜距（注意，距离测量一测回指整置仪器照准目标一次，读取数据 5 个）。

3）测量两个方向间的水平角

松开制动螺旋，照准左边目标，经过调焦使物像清晰，制动，使用微动螺旋精确照准目标（用十字丝的单丝平分或双丝夹住目标）。按角度测量键设置起始读数 α（具体按键操作见"角度测量"相关内容），记入手簿。松开制动螺旋，顺时针转动照准部，如前所述再照准右目标，将读数 β 记入手簿。两个方向间的半测回水平角值 $\gamma = \beta \cdot \alpha$（当差值为负数时，加 360°）。若测下半测回，松开制动螺旋，用盘右如前所述再照准右目标读数，逆时针转动全站仪至左目标读数，即可完成一测回的水平角测量。

4）全站仪野外数据采集

针对一个小区域用全站仪进行野外数据采集。

（1）用全站仪进行图根控制测量。

（2）在图根控制点上安置仪器、创建文件、测站输入、后视定向、侧视检查。

（3）对所测区域进行野外数据采集。

4. 实训注意事项

（1）仪器从箱中取出前，应看好它的放置位置，以免装箱时不能恢复到原位。

（2）仪器在三脚架上未固定连好前，必须抓紧提手，以防仪器跌落。

（3）在操作过程中，不要用望远镜对着太阳或人的眼睛。

（4）转动望远镜或照准部前，必须先松开制动螺旋，用力要轻；一旦发现转动不灵，要及时检查原因，不可强行转动。

（5）仪器入箱后，要及时上锁，提动仪器前应检查是否存在事故危险。

实训 2　GPS-RTK 的操作及野外数据采集

1. 实训目的

（1）认识各部件名称、功能。
（2）设置基准站：连接基准站各仪器部件，启动、设置基准站。
（3）设置移动站：连接移动站各仪器部件，启动、设置移动站。
（4）点校正。
（5）图根控制点采集。
（6）碎部点数据采集、手簿中修改碎部点信息。
（7）在手簿上显示点位图。

2. 实训仪器工具

（1）基准站仪器 1 套（包括接收机、电台、蓄电池、加长杆、发射天线、电台数据线、电台电源线、三脚架 2 个，基座 1 个，加长杆铝盘）。
（2）移动站仪器 1 套（移动站接收机 1 台、棒状天线 1 根、碳纤对中杆、手簿 1 个、托架 1 个、手簿数据线）。
（3）小钢尺 1 把。

3. 实训方法步骤

（1）熟悉仪器各部件名称及功能。
（2）架设基准站。将三脚架打开，基座安置在脚架上对中、整平，踩实架腿。按电源键打开基准站主机，设置为外挂基准站工作模式，等待基准站锁定卫星；通过连接头将主机固定在基座上；用电缆将主机和电台连接；架设电台发射天线，用电缆将发射天线和电台连接；打开电台，设置电台发射频道和频率；量取仪器高。
（3）取出手簿，进行基准站启动设置。
（4）架设、启动移动站。
（5）开始测量。
（6）点击"点库"，对采集点的数据进行属性修改、点信息删除等操作练习。

4. 实训注意事项

（1）各仪器部件从箱中取出前，应看好它的放置位置，以免装箱时不能恢复到原位。
（2）实训作业时间尽量安排在天气良好的条件下，尽量避开雷雨天气。
（3）在 GPS-RTK 作业期间尽量不要做以下操作：关机又重新启动，自测试，改变卫星截止高度角或仪器高度值、测站名等，改变天线位置，关闭文件或删除文件。
（4）在采集数据过程中，尽量保持移动站对中杆垂直。

实训 3 ×××城镇 1：500 数字地形图测绘内业成图

1. 实训目的

（1）熟悉南方 CASS9.0 数字成图软件的绘图环境。

（2）能够在南方 CASS9.0 中利用测点点号法成图。

（3）能够完成基本的图形编辑。

（4）能够将绘制完成的地形图进行图幅整饰及绘图输出。

（5）完成×××城镇 1：500 数字地形图测绘的内业成图、图幅整饰及绘图输出。

2. 实训数据资料

（1）×××城镇 1：500 数字地形图草图。

（2）×××城镇 1：500 数字测图电子坐标数据文件。

3. 实训方法步骤

（1）安装南方 CASS9.0 数字成图软件。

（2）熟悉南方 CASS9.0 数字成图软件的界面。

（3）利用南方 CASS9.0 数字成图软件 demo 文件夹里的示例绘制一幅简单的平面图，包括定显示区、选择定点方式、展测点点号、绘平面图、图面检查、图幅整饰等工作内容。

（4）利用提供的×××城镇 1：500 数字地形图草图及电子坐标数据文件，完成整个内业成图工作。

4. 实训上交成果

（1）×××城镇 1：500 数字地形图电子文件 1 套。

（2）×××城镇 1：500 纸质地形图 1 套。

实训 4 ×××工业园 1：1000 数字地形图测绘内业成图

1. 实训目的

（1）熟悉南方 CASS9.0 数字成图软件中等高线的绘制方法。

（2）完成×××工业园 1：1000 数字地形图测绘的内业成图。

（3）完成×××工业园 1：1000 数字地形图的图幅整饰及绘图输出。

2. 实训数据资料

（1）×××工业园 1：1000 数字地形图草图。

（2）×××工业园1：1000数字测图电子坐标数据文件。

3. 实训方法步骤

（1）定显示区。
（2）展高程点。
（3）建立DTM。
（4）修改DTM。
（5）绘制等高线。
（6）修剪等高线。

4. 实训上交成果

（1）×××城镇1：500数字地形图电子文件1套。
（2）×××城镇1：500纸质地形图1套。

第3章 其他数字测图方法

【教学目标】

通过本章学习，要求了解地形图扫描数字化原理，掌握运用扫描矢量化软件对已有地形图进行数字化的方法，掌握航空像片立体测图的基本知识，理解航空摄影测量和遥感影像数字成图的方法。

3.1 地形图扫描数字化

3.1.1 扫描数字化概述

将纸质地形图通过图形数字化仪或扫描仪等设备传输到计算机中，用专业的矢量化软件进行处理和编辑，将其转换成计算机能存储和处理的数字地形图，这个过程称为地形图的数字化（也称为原图数字化）。

当白纸地图经过计算机图形图像系统光电转换量化为点阵数字图像，经图像处理和曲线矢量化，或者直接进行手扶跟踪数字化后，生成可以为地理信息系统显示、修改、标注、漫游、计算、管理和打印的矢量地图数据文件，这种与纸地图相对应的计算机数据文件称为矢量化电子地图。这种地图工作时需要有应用软件和硬件系统的支撑。对矢量化地图的操作是以人机交互方式来实现的。

在硬件系统及软件支持下，矢量电子地图与白纸地图相比有如下优点：

（1）计算距离和标注地名符号快速准确；

（2）可对地图局部放大、全图缩小和移动显示，漫游功能很强；

（3）分层显示地图（当对地图上各种信息分不同层归类存放后，则可以显示某些层，关闭不显示的层）；

（4）可以以图元为单位进行信息编缉修改，人机交互画线标注符号文字，删除地图上多余的信息；

（5）可以通过计算机网络进行电子地图传递，提供信息共享，传递的速度快，保密性强；

（6）如果能有效解决地图符号自动分割和识别问题，则能实现地图的智能矢量化。这里智能化是指自动矢量化和自动标注符号、最佳路径优化选择和自动跟踪目标等。

矢量电子地图与点阵地图图像相比有如下优点：

（1）相同信息量下，前者的文件相对要小得多，图越复杂，表现越明显；

（2）前者可以以图元为单位进行信息编缉修改删除，人机交互画线标注符号文字；

后者只能以像素为基本单位（如矩形图像块）进行拷贝、移动和删除，即它的编辑功能很差；

（3）前者可对所有图元分层显示，后者只能做到对整图某区域（矩形区）的开窗显示控制。

进行地形图的数字化，实质上是将图形转化为数据。由纸质地形图向数字化图的转换是数字化的一个复杂过程，它涉及原纸质地形图的固定误差、数字化过程中的误差、数字化的设备、数字化软件等多个方面。因此，通过地形图数字化方法得到的数字地形图，其地形要素的位置精度不会高于原地形图的精度。

扫描屏幕数字化法是目前的地形图数字化处理的主要方法，与手扶跟踪数字化方法相比，有作业速度快、精度高的优点。扫描屏幕数字化的精度取决于地形图上描述地形图要素的宽度、复杂程度、扫描仪的扫描分辨率、地形图工作底图的变形误差、作业人员作业熟练程度等因素。

3.1.2 扫描仪简介及使用

扫描仪（Scanner）是一种计算机外部仪器设备（图 3.1），通过捕获图像并将之转换成计算机可以显示、编辑、存储和输出的数字化输入设备。照片、文本页面、图纸、美术图画、照相底片、菲林软片，甚至纺织品、标牌面板、印制板样品等三维对象都可作为扫描对象，提取和将原始的线条、图形、文字、照片、平面实物转换成可以编辑及加入文件中的装置。

扫描仪的功能是把实在的图像划分成成千上万个点，变成一个点阵图，然后给每个点编码，得到它们的灰度值或者色彩编码值。也就是说，把图像通过光电部件变换为一个数字信息的阵列，使其可以存入计算机并进行处理。通过扫描仪可以把整幅的图形或文字材料，如图形（包括线划地形图）、图像（黑白或彩色，包括遥感和航测照片）、报刊或书籍上的文章等，快速地输入计算机，以栅格图形文件形式保存，通过专用的图形图像软件进行矢量化处理，将栅格数据转换为矢量数据，可供 CAD、GIS 等使用。

图 3.1　扫描仪

按其所支持的颜色分类，可分为单色扫描仪和彩色扫描仪；按所采用的固态器件分类，可分为电荷耦合器件（CCD）扫描仪（图 3.2）、MOS 电路扫描仪、紧贴型扫描仪等；按扫描宽度和操作方式分类，分为大型扫描仪、台式扫描仪和手动式扫描仪。

CCD 扫描仪的工作原理是：用光源照射原稿，投射光线经过一组光学镜头射到 CCD 器件上，再经过模/数转换器、图像数据暂存器等，最终输入到计算机。CCD 感光元件阵列是逐行读取原稿的。为了使投射在原稿上的光线均匀分布，扫描仪中使用的是长条形光源。对于黑白扫描仪，用户可以选择黑白颜色所对应电压的中间值作为阈值，凡低于阈值

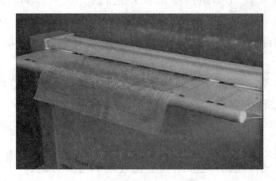

图 3.2　CCD 阵列式扫描仪

的电压就为 0 （黑色），反之为 1 （白色）。而在灰度扫描仪中，每个像素有多个灰度层次。彩色扫描仪的工作原理与灰度扫描仪的工作原理相似，不同之处在于彩色扫描仪要提取原稿中的彩色信息。扫描仪的幅面有 A0、A1、A3、A4 等。扫描仪的分辨率是指在原稿的单位长度（英寸）上取样的点数，单位是 dpi，常用的分辨率为 300～1000dpi。扫描图像的分辨率越高，所需的存储空间就越大。现在多数扫描仪都提供了可选分辨率的功能，对于复杂图像，选用较高的分辨率；对于较简单的图像，就选择较低的分辨率。

对于文字、图形或图像，通过扫描仪获取的数据形式是相同的，都是扫描区域内每个像素的灰度或色彩值。对这些数据的解释，需要专门的算法和相应的处理程序。如对于线划图，可用矢量化软件进行矢量；对于文字与表格，可进行文字识别；对于航片，可通过专用软件进行立体重现，然后进行数字化处理等。

目前扫描仪的型号很多，对于大幅面工程扫描仪，扫描幅面可达 137.2cm×无限长，扫描介质可以是透明或非透明类，图纸类型可为纸张、相纸、硫酸纸、薄膜胶片等，扫描厚度可达 15mm，分辨率可达 2300 dpi/inch。对于普通扫描仪，扫描幅面一般为 A3 幅面，分辨率一般为 300～2300 dpi/inch。

3.1.3　地形图的扫描矢量化

扫描屏幕数字化也称为扫描矢量化，其作业过程实质上是一个解释光栅图像并用矢量元素替代的过程。首先使用具有适当分辨率、消蓝功能和扫描幅面的扫描仪及相关扫描图像处理软件，把底图转化为栅格图像生成光栅文件，光栅数据的内容被表示成黑点和白点（二值模式）或彩色点组成的一个矩阵（点阵），单个的点被排列在地形图图纸的 X、Y 方向上。点与点之间彼此没有任何逻辑上的关系，这些点以镶嵌的形式在计算机屏幕上显示，对光栅图像而言，图像的放大或缩小，会使图像信息产生失真，尤其是放大时，图像目标的边界会发生阶梯效应。因此，需要用专业扫描图像处理软件进行诸如点处理、区处理、帧处理、几何处理等，通过处理，提高影像的质量；然后利用软件矢量化功能，采用交互矢量化或自动矢量化的方式，对地形图的各类要素进行矢量化，并对矢量化结果进行编辑整理，存储在计算机中，最终获得矢量化数据，即数字化地形图，完成扫描矢量化的过程。

86

目前，国内外使用的扫描矢量化软件非常多，如 VTracer 地形图扫描矢量化系统、武汉瑞得公司 RDSCAN 2.0 矢量化、清华山维公司 EPSCAN2003、超图公司的 SuperMap Survey 3.0、吉威数源 geoway3.5 扫描矢量化软件和南方 CASSCAN 扫描矢量化软件等。下面以南方 CASSCAN5.0 为例，介绍扫描矢量化的过程。

1. CASSCAN5.0 软件的安装

1）CASSCAN5.0 软件主程序的安装

CASSCAN5.0 的安装应该在安装完 AutoCAD2002 并运行一次后才进行。打开 CASSCAN50 文件夹，找到 setup.exe 文件并双击它，屏幕上将出现图 3.3 所示的界面（CASSCAN5.0 的安装向导将提示用户进行软件的安装）。然后得到图 3.4 所示的"欢迎"界面。

图 3.3　CASSCAN5.0 软件安装"安装向导"界面

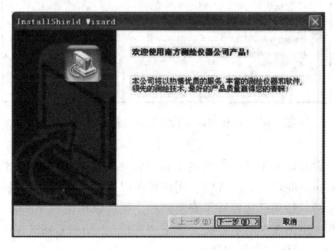

图 3.4　CASSCAN5.0 软件安装"欢迎"界面

在图 3.4 中单击"下一步"，得到图 3.5 所示的界面。

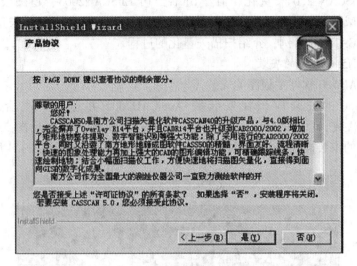

图 3.5　CASSCAN5.0 软件安装"产品协议"界面

在图 3.5 中单击"下一步"，得到图 3.6 所示的界面。

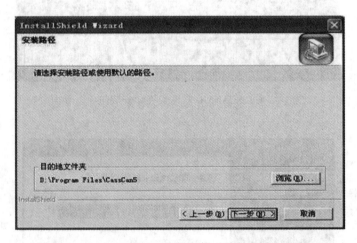

图 3.6　CASSCAN5.0 软件安装"路径设置"界面

在图 3.6 中确定 CASSCAN5.0 软件的安装位置（文件夹）。安装软件给出了默认的安装位置 C：\ Program Files \ CASSCAN5，用户也可以通过单击浏览按钮从弹出的对话框中修改软件的安装路径。如果已选择好了安装路径，则可以单击"下一步"开始进行安装。安装完成后，屏幕弹出图 3.7 所示界面，单击"完成"，结束 CASSCAN5.0 的安装。

2）CASSCAN5.0 示例文件的安装

打开 CASSCAN5.0 中的 demo 文件夹，找到 setup. exe 文件并双击它，屏幕上将出现图 3.3 所示的界面（CASSCAN5.0 示例文件的安装向导将提示用户进行软件的安装）。然后

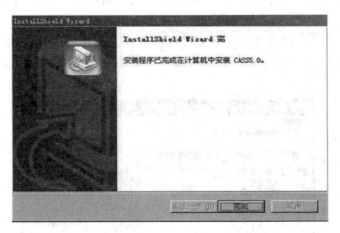

图 3.7　CASSCAN5.0 软件安装"安装完成"界面

得到图 3.4 所示的"欢迎"界面。

　　在图 3.4 中单击"下一步",得到图 3.5 所示和图 3.6 所示的界面。

　　在图 3.6 中选择 CASSCAN5.0 软件的安装位置(文件夹)。安装软件给出了默认的安装位置 C:＼Program Files＼CASSCAN5,用户也可以通过单击浏览按钮从弹出的对话框中修改软件的安装路径。如果已选择好了安装路径,则可以单击"下一步",得到图 3.8 所示的界面。

　　在"安装类型"对话框中提供三种安装类型,它们分别是:

　　典型:程序将安装最常用的选项,建议大多数用户使用。

　　压缩:程序将安装所需的最少选项。

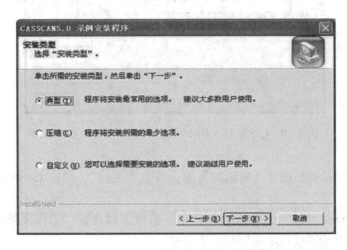

图 3.8　CASSCAN5.0 示例文件安装"安装类型"界面

　　自定义:可以选择需要安装的选项。建议高级用户使用。

选择"典型"或"压缩"进行安装时，安装过程将跳过"选择组件"界面，直接进入"安装状态"界面，进行文件复制。

选择"自定义"进行安装时，安装过程将进入"选择组件"界面，如图 3.9 所示。在选择好安装项后点击"下一步"进入"安装状态"界面，如图 3.10 所示。

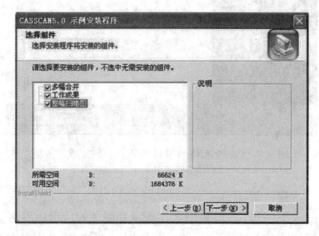

图 3.9　CASSCAN5.0 示例文件安装"选择组件"界面

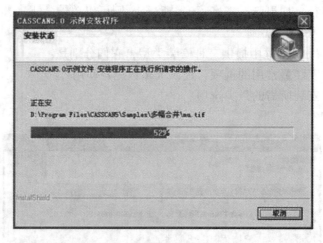

图 3.10　CASSCAN5.0 示例文件安装"安装状态"界面

安装完成后屏幕弹出图 3.7 所示的界面，单击"完成"，结束 CASSCAN5.0 示例文件的安装。

此时，在 CASSCAN5.0\SAMPLES 路径下出现多幅合并、工作成果、整幅扫描图三个文件夹，在其中分别放置了不同的示例文件。

到此，CASSCAN5.0 就全部安装完成了。

2.CASSCAN5.0 扫描数字化

1）设定比例尺

双击 CASSCAN5.0 图标，进入 CASSCAN5.0，用鼠标选取"地物绘制（R）/设置图形比例尺"菜单项，如图 3.11 所示，在命令行上输入"500"并回车，如图 3.12 所示，此时，比例尺就相应的设为了 1∶500。

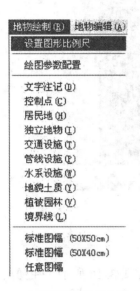

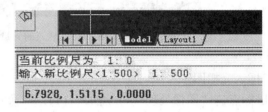

图 3.11　"设置图形比例尺"菜单项　　　　　　　图 3.12　输入比例尺

2）插入矢量图框

用鼠标选取"地物绘制（R）/标准图幅（50cm×30cm）"菜单项，如图 3.13 所示，在弹出的"图幅整饰"对话框中输入相应的图框信息和图框左下角坐标，如图 3.14 所示，点击"确认"，此时，在工作窗口中将会出现一个有完整信息的矢量图窗口，如图 3.15 所示。

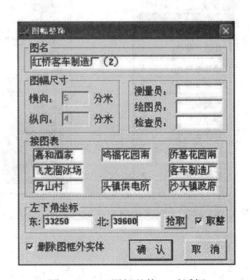

图 3.13　"标准图幅"菜单项　　　　　　　图 3.14　"图幅整饰"对话框

91

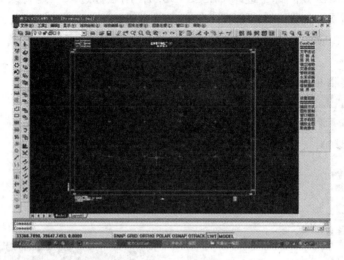

图 3.15　插入的矢量图框

3）插入光栅图

用鼠标点选"图像处理（I）/插入（I）..."菜单项，如图 3.16 所示，在弹出的"插入图像"对话框中选择要插入的"all.bmp"光栅图文件，如图 3.17 所示。

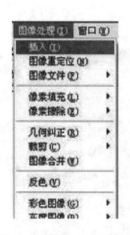

图 3.16　"插入"菜单项

图 3.17　"插入图像"对话框

点击"插入"，弹出"图像插入参数设置"对话框，如图 3.18 所示，点取 ⊠ 按钮后，用鼠标在先前插入的矢量图框周围选取插入点，如图 3.19 所示。

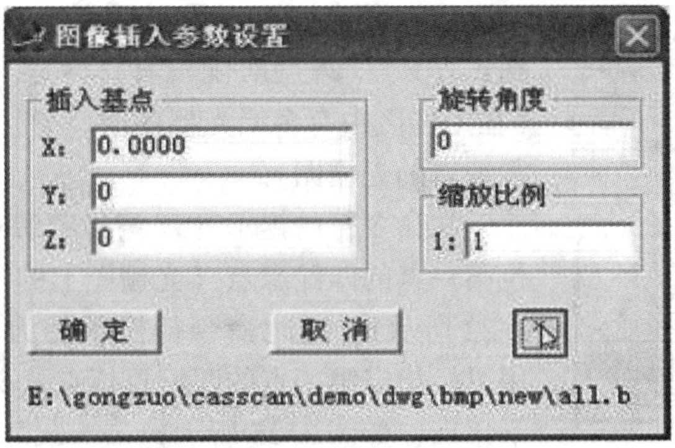

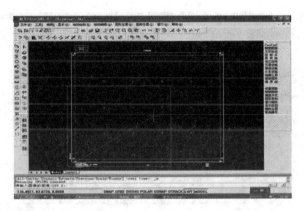

图 3.18   "图像插入参数设置"对话框

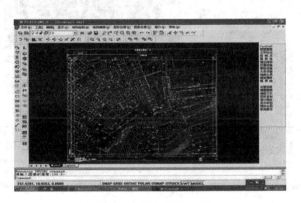

图 3.19   插入点选择

此时，点击鼠标右键跳过插入图旋转角的设定，拖动鼠标，将插入的光栅图调整到与矢量图框基本相同的大小，点击鼠标左键回到"图像插入参数设置"对话框，点击"确定"，光栅图就插入到工作区中了，如图 3.20 所示。

图 3.20   插入的光栅图

4）进行光栅图的纠正

图 3.21　"两点匹配"菜单项

（1）两点匹配。用鼠标点选"图像处理（I）／几何纠正（R）／两点匹配（H）"菜单项，如图 3.21 所示（在工作区中有多幅光栅图时，要用鼠标拾取框拾取要进行编辑的光栅图）。

在命令行的提示（"请指定源点#1："）下用鼠标定位第一点的匹配源点（光栅图上的内图框左下角点，如图 3.22 所示），此时命令行提示变为"请指定目标点#1："用鼠标指定第一点的匹配目标点（矢量图框上的内图框左下角点，如图 3.23 所示）。

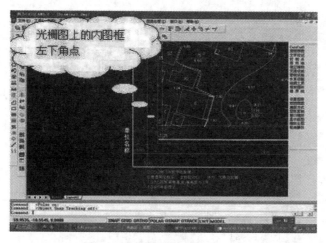

图 3.22　指定源点

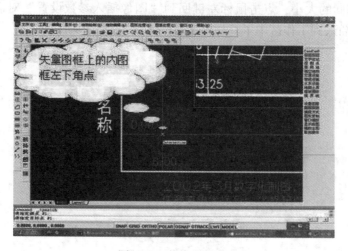

图 3.23　指定目标点

接着，按照第一点的做法定位第二点的匹配的源点（光栅图图框上的内图框右上角点）和目标点（矢量图框上的内图框右上角点），此时，光栅图将会自动的匹配到指定的位置上，如图3.24所示。

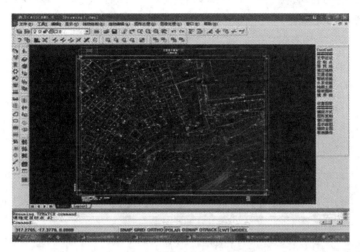

图3.24　两点匹配后的光栅图

（2）多点纠正。用鼠标点选"图像处理（I）／几何纠正（R）／多点纠正（A）"菜单项，如图3.25所示（在工作区中有多幅光栅图时，要用鼠标拾取框拾取要进行编辑的光栅图）。

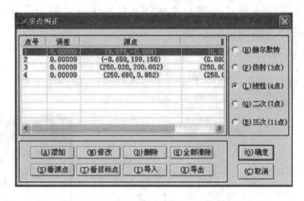

图3.25　"多点纠正"菜单项　　　图3.26　"多点纠正"对话框

弹出"多点纠正"对话框，如图3.26所示，在对话框中点选"（A）添加"，添加图像纠正控制点，此时对话框隐藏，回到工作窗口，用鼠标十字光标依次选取纠正点的源点和目标点（源点：光栅图上的内图框点，目标点：相应的矢量图框上的内图框点），当四个纠正点拾取完成后回车，回到"多点纠正"对话框，此时，在"多点纠正"对话框中出现四个点的坐标量与误差值，点击"确定"，光栅图的纠正将自动完成（在多点纠正中

95

提供了六种纠正的算法，此处我们使用的是第三种"（L）线性（4点）"纠正算法，所以在取纠正点时应等于或多于4个点)。

5）保存光栅图

用鼠标点选"图像处理（I）/图像文件（F）/保存（S）"菜单项，如图3.27所示，文件保存将自动完成。

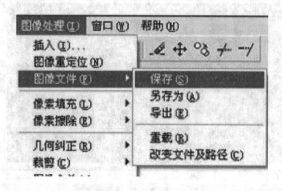

图3.27 "保存"菜单项

当光栅图像没有明确的存储路径时，弹出"图像保存"对话框，在选择好光栅图的存放路径后，单击"保存"，保存文件。

6）进行面状地物的矢量化

（1）居民地矢量化。用鼠标选取"图像处理（I）/直角纠正设置（A）"菜单项，如图3.28所示，弹出"房屋提取参数设置"对话框，如图3.29所示，在"直角纠正"单选框中选择"不进行直角纠正"，点击"确定"回到工作窗口，此时进行房屋提取就不用进行直角纠正的设置。

图3.28 "直角纠正设置"菜单项　图3.29 "房屋提取参数设置"对话框

96

用鼠标选取"图像处理（I）/房屋提取（H）"菜单项，如图 3.30 所示，此时命令行提示"请输入房内一点:"，用鼠标在光栅图中点取房屋内部空白的地方（所选点为房屋内部没有像素的位置，如图 3.31 所示），此时，在房屋的边缘出现矢量线。注意：房屋提取的操作结果与光栅图上构成房屋的像素有关，在房屋中间出现大块的像素时就会影响到房屋轮廓的提取，如房屋中层数与结构的标注都会影响到房屋提取的结果。

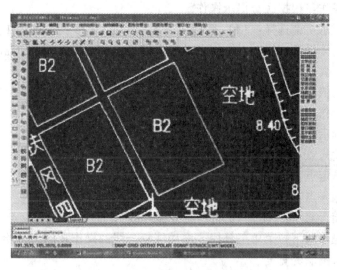

图 3.30　"房屋提取"菜单项　　　　　　图 3.31　房屋提取示意图

下面分别介绍绘制不同房屋的具体步骤：

①多点房屋类。

操作：根据底行提示操作。

提示：第一点：

输入点：输入房屋的任意拐点。可用鼠标直接确定，也可以输入坐标确定点位。

指定点：

输入点：输入房屋的第二个拐点。

闭合 C/隔一闭合 G/隔一点 J/微导线 A/曲线 Q/边长交会 B/回退 U/<指定点>：这一步共有 8 个选项，可选其中某一项，然后根据提示进行操作（具体操作与下拉菜单工具＞多功能复合线的操作相同）。系统默认操作为输入下一点坐标。

②四点房屋类。

操作：根据底行提示操作。

提示：1. 已知三点/2. 已知两点及宽度/3. 已知四点<1>：选择 1（缺省为 1），则依次输入三个房角点（如果三点间不成直角将出现平行四边形）；选择 2，则依次输入房屋两个房角点和宽度（单位米，向连线方向左边画时输正值，向连线方向右边画时输负值）；选择 3，则依次输入房屋的四个顶点。

③楼梯台阶类。当做这项操作时，注意一定要去掉所有的捕捉方式。

a. 台阶、室外楼梯。

操作：根据底行提示操作。

提示：输入点：输入楼梯第一边的始点。

输入点：输入楼梯第一边的终点。

输入点：输入楼梯另一边上任意一点后回车。

b. 不规则楼梯。

操作：根据底行提示操作。

提示：请选择：（1）选择线（2）画线 <1>：如选择 1，则根据提示用鼠标点取已画好的楼梯两边线，系统将自动生成梯级；如选择 2，则出现以下提示：具体操作与下拉菜单工具 > 多功能复合线的操作相同

④依比例尺围墙。

操作：根据底行提示操作。

提示：第一点：

输入点：输入第一点。

指定点：

输入点：输入另一点。

闭合 C/隔一闭合 G/隔一点 J/微导线 A/曲线 Q/边长交会 B/回退 U/<指定点>：以上具体操作与下拉菜单工具栏 > 多功能复合线的操作相同。待绘制完围墙骨架线后，根据提示输入围墙的宽度。

请输入墙宽（0.5 米）：输入正值在骨架线前进方向的左侧画围墙符号，输入负值则在骨架线前进方向的右侧画围墙符号。

拟合吗？<N>：如需要拟合，键入 Y；如不需要拟合，直接回车即可。

⑤不依比例尺围墙、栅栏（栏杆）、篱笆、活树篱笆、铁丝网类、门廊、檐廊。

操作：根据底行提示操作。

提示：输入点：用鼠标连续指定此类符号通过的点，按鼠标右键或空回车结束。

⑥阳台。

操作：根据底行提示操作。

注意：画阳台前应先画出阳台所在房屋。

提示：选择：（1）已知外端两点（2）皮尺量算（3）多功能复合线<1>：如选 1，出现以下提示：请选择阳台所在房屋的墙壁：用鼠标点取房屋边。

选取阳台外端第一点：

选取阳台外端第二点：定出两点后，自动从这两点向房屋引垂直线，绘出阳台。

如选 2，出现以下提示：请输入阳台所在墙壁的第一点：

请输入第二点：分别用鼠标指定阳台所在墙壁的两个端点。

请输入阳台一端与墙壁第一端点间的距离：系统根据此输入值确定阳台位置。

请输入阳台长度：

请输入阳台宽度：阳台长度和宽度都既可以键盘输入，又可以用鼠标指定。

说明：如能测到阳台两个外端点，可采用第一种方法，否则只能用皮尺量算。

如果阳台不规则，可选 3，选 3 后，将出现以下提示：多功能复合线的操作相同。

第一点：

输入点：

指定点：

输入点：

闭合 C/隔一闭合 G/隔一点 J/微导线 A/曲线 Q/边长交会 B/回退 U/<指定点>：

（2）有地类界的植被符号矢量化。以有地类界的稻田为例进行矢量化。用鼠标点选屏幕菜单中的"植被园林"菜单项，如图 3.32 所示，弹出"植被类"图像菜单，在该菜单中选取"稻田"菜单项，如图 3.33 所示，用鼠标依次点取光栅图上一块稻田的地类界的转折点（说明：当进行线跟踪时，跟踪的基础是光栅图上光栅点的连接关系，当光栅点间的间隔大于一定范围后，即认为光栅点间没有连接关系，跟踪会在这样的光栅点上停顿），当地类界转折点被一一点取后，在命令行的提示（"锚点（P）｜反向（R）｜闭合（Q）｜手工（M）｜撤销（U）｜回退到（G）｜设置（T）｜结束（X）：<P>"）下输入"Q"并回车，闭合该地类界，此时，在光栅图的地类界上生成了矢量线，并在命令行有如下提示：请选择：（1）保留边界（2）不保留边界<1>，此时回车默认"（1）保留边界"，稻田的地类界及稻田的填充符号就自动生成了。

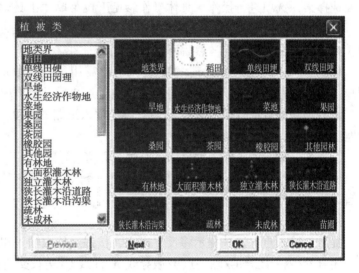

图 3.32　"植被园林"菜单项　　　　图 3.33　"稻田"菜单项

7）进行线状地物的矢量化

（1）交通设施的矢量化。用鼠标选取"地物绘制（R）/交通设施（T）"菜单项，如图 3.34 所示，进入到交通设施类型界面，如图 3.35 所示。

下面分别介绍不同交通设施的绘制方法：

①两边平行的道路，如平行高速公路、平行等级公路、平行等外公路等。

操作：按底行提示操作。

提示：输入点：这一提示将反复出现，按提示输入点以确定道路的一条边线。

图 3.34　"交通设施"菜单项

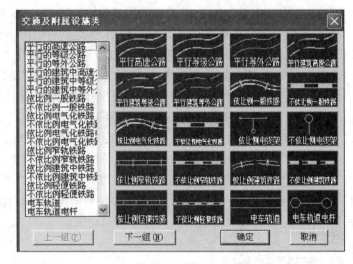

图 3.35　交通设施类型界面

闭合 C/隔一闭合 G/隔一点 J/微导线 A/曲线 Q/边长交会 B/回退 U/<指定点>：根据需要选择某一选项进行操作。具体操作参见下拉菜单"工具>多功能复合线"。

拟合线<N>：当确定道路的一条边后，将出现这一提示，如不需拟合，直接回车即可；如需要拟合，键入 Y，然后回车。

1. 边点式/2. 边宽式<1>：如选 1，用户需用鼠标点取道路另一边任一点；如选 2，用户需输入道路的宽度以确定道路的另一边。选 2 后，会出现以下提示：

请给出路的宽度（m）：<+/左，/右>：输入道路的宽度。如未知边在已知边的左侧，则宽度值为正，反之为负。

②只画一条线的道路，如铁路、高速公路等。

所有的单线道路和某些双线道路只需画一条线即可确定其位置和形状。凡出现以下提示者即为单线道路：

操作：按底行提示操作。

提示：输入点：这一提示将反复出现，按提示依次输入相应点位。

闭合 C/隔一闭合 G/隔一点 J/微导线 A/曲线 Q/边长交会 B/回退 U/<指定点>：根据需要选择某一选项进行操作。具体操作参见下拉菜单"工具 > 多功能复合线"。

拟合线<N>？如不需拟合，直接回车即可；如需要拟合，键入 Y，然后回车。

（2）管线设施的矢量化。用鼠标选取"地物绘制（R）/管线设施（P）"菜单项，如图 3.36 所示，进入到管线设施类型界面，如图 3.37 所示。

下面分别叙述不同管线设施的绘制方法：

①点状管线设施。在输入点状管线设施时，用户只需用鼠标指定该地物的定位点即可。输入点后，有些地物符号会随着鼠标的移动旋转，此时移动鼠标确定其方向后回车即可。

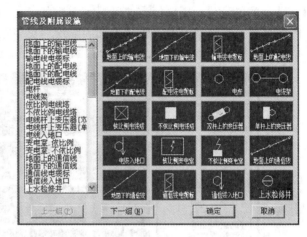

图 3.36　"管线设施"菜单项　　　　图 3.37　管线设施类型界面

提示：输入点：用鼠标指定点。

②线状管线设施。线状管线设施的绘制方法与多功能线的绘制相同。用户可参看下拉菜单"工具/多功能复合线"。有些线状管线设施只需两点（起点和端点）即可确定其位置；有些管线设施在输完点以后，系统会提问"拟合线〈N〉？"，输入 Y 进行拟合，如不需拟合，按鼠标右键或直接回车。

操作：根据底行提示进行操作即可。

（3）等高线的矢量化。用鼠标点选屏幕菜单中的"地貌土质"菜单项，弹出"地貌和土质"图像菜单，在该菜单中选取"等高线首曲线"菜单项，如图 3.38 所示。

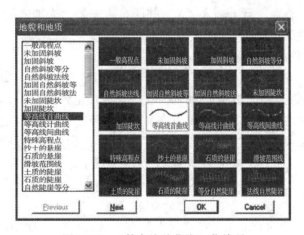

图 3.38　"等高线首曲线"菜单项

在命令行的提示下输入等高线的高程值，用鼠标点取光栅图上等高线的中心，移动鼠标并对准光栅线上的下一点，此时屏幕上出现预跟踪的导线，在预跟踪导线出现时点击鼠标左键，此时，在光栅线上生成矢量线，由于自动跟踪是根据光栅图上光栅像素的连接关系来完成的，所以在工作时，由于光栅的连接关系不理想，使得跟踪工作要由人工来干预和控制。

（4）陡坎的矢量化。用鼠标点选屏幕菜单中的"地貌土质"菜单项，弹出"地貌和土质"图像菜单，在该菜单中选取"未加固陡坎"菜单项，如图3.39所示。

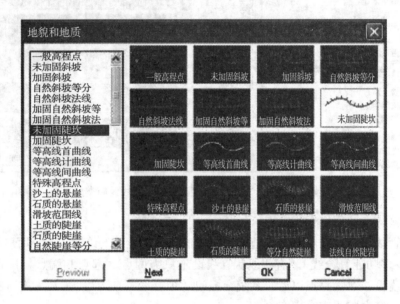

图3.39　"未加固陡坎"菜单项

用鼠标点取光栅图上陡坎上的主线中心，移动鼠标并对准光栅线上的下一点，此时屏幕上出现预跟踪的导线，在预跟踪导线出现时点击鼠标左键，此时，在光栅线上生成矢量线，当跟踪完成时，在命令行上输入"X"并回车后一条"未加固陡坎"就跟踪完成了，跟踪的过程与加属性的过程在一步操作中完成。

8）进行点状地物的矢量化

（1）高程点的矢量化。用鼠标点选"绘制参数配置"菜单项，如图3.40所示，弹出"绘制参数设置"对话框，如图3.41所示，在"高程注记位数"中选择"2位"，将高程注记中小数点后需要注记的位数设定为两位，点击"确定"，回到工作视图。

用鼠标点选屏幕菜单中的"地貌土质"菜单项，弹出"地貌和土质"的图像菜单，选择"一般高程点"，如图3.42所示，点击"OK"按钮，在光栅图上用鼠标点选高程点的中心，在命令行的提示下输入高程值，此时在工作区中出现红色的矢量高程点，如图3.43所示。

（2）独立地物符号的矢量化。在这里以路灯为例进行独立地物的矢量化。用鼠标点选屏幕菜单中的"独立地物"菜单项，弹出"军事、工矿、公共、宗教设施"图像菜单，

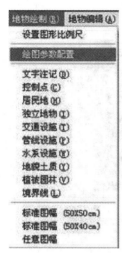

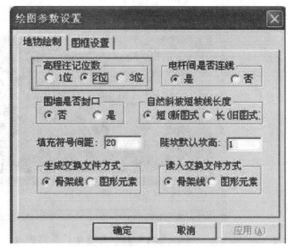

图 3.40 "绘制参数配置" 菜单项　　　　图 3.41 "绘图参数设置" 对话框

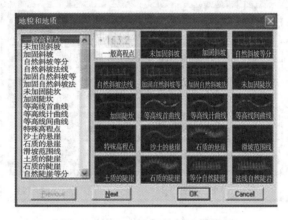

图 3.42 "一般高程点" 菜单项

在该菜单中选择 "路灯" 菜单项，如图 3.44 所示。

在光栅图中拾取独立地物的插入点（注意：不同地物的插入点的位置是不相同的，有的插入点在独立地物的几何中心，有的插入点在底部，插入点的选择可根据具体的地物而定），这样一个路灯的符号就被矢量化了。

9）文字注记

用鼠标选取 "地物绘制（R）/文字注记（D）" 菜单项，如图 3.45 所示，进入到文字注记界面，如图 3.48 所示。

下面分别介绍几种文字注记的方法：

（1）注记文字。

功能：在指定的位置以指定的大小书写文字。

操作过程：同下拉菜单 "工具/文字"。

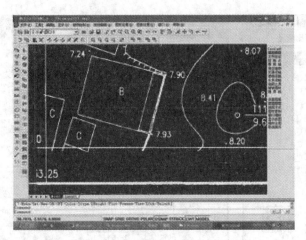

图 3.43 矢量化后的高程点

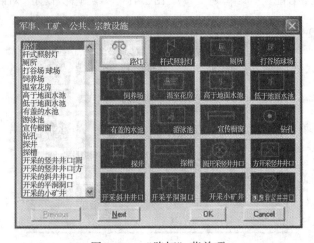

图 3.44 "路灯"菜单项

注意：文字字体为当前字体，CASSCAN5.0 系统默认字体为细等线体。

（2）注记坐标。

功能：在图形屏幕上注记任意点的测量坐标，如房角点、围墙角点、空白区域等。

注意：在进行坐标注记时，应精确捕捉待注点。

提示：指定注记点：用鼠标指定要注记的点；

注记位置：指定注记位置。

系统将根据所设定的捕捉方式捕捉到合乎要求的点位，然后由注记点向注记位置点引线，并在注记位置处注记点的坐标。

（3）注地坪高。

功能：用于注记地坪高。

提示：注记标高值：输入要注记的标高值；

图 3.45　文字注记菜单　　　　　　　　　　图 3.46　文字注记界面

注记位置：输入点：指定注记位置。

系统将根据所设定的捕捉方式捕捉到合乎要求的点位，并在指定位置注记该点的标高。

（4）变换字体。

功能：同下拉菜单的"工具/文字/变换字体"。

（5）定义字型。

功能：同下拉菜单的"工具/文字/定义字型"。

（6）批量文字。

功能：同下拉菜单的"工具/文字/批量写文字"。

（7）砼，坚，砖，…，礁石。

功能：实现常用字的直接选取（不需用拼音或其他方式输入）。

选定其中的某个汉字（词）后，底行提示文字定位点（中心点）。用鼠标指定定位点后，系统即在相应位置注记您选定的汉字（词）。

在这里注记的汉字的字高在 1∶1000 时，恒为 3.0mm。如果想改变字体的大小，可以使用下拉菜单"地物编辑/批量缩放/文字"菜单操作。

10）保存工作成果。

当一个工程开始后，我们应该将工程中生成的数据成果及时保存起来。成果的保存分为两个部分：

（1）光栅图的保存（图 3.47）。用鼠标点取"图像处理（I）/图像文件（F）/保存（S）"菜单，光栅图文件的保存分为两种情况：

当光栅图文件没有确定的保存路径时，如图 3.48 所示。

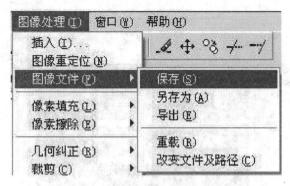

图 3.47　图像文件保存菜单　　　　　　　　图 3.48　询问对话框

当光栅图文件有确定的保存路径时，保存将自动进行。

（2）矢量图的保存。与 CAD 的保存操作相同。

3.2　航空摄影测量数字成图

3.2.1　摄影测量概述

摄影测量学是通过影像研究信息的获取、处理、提取和成果表达的一门信息科学。1988 年，ISPRS 在日本京都第 16 届大会上对摄影测量与遥感的定义为：摄影测量与遥感是对非接触传感器系统获得的影像及其数字表达进行记录、量测和解译，从而获得自然物体和环境的可靠信息的一门工艺、科学和技术。

可以从不同角度对摄影测量学进行分类。按距离远近分，有航空摄影测量、航天摄影测量、地面摄影测量、近景摄影测量和显微摄影测量。按用途分，有地形摄影测量与非地形摄影测量，地形摄影测量主要用于测绘国家基本地形图、工程勘察设计和城镇、农业、林业、地质、水电、铁路、交通等部门的规划与资源调查用图或建立相应的数据库；非地形摄影测量是将摄影测量直接用于工业、建筑、考古、变形观测、公安侦破、事故调查、军事侦察、弹道轨迹、爆破、矿山工程以及生物和医学等各个方面的一门技术科学。按技术处理方法分，则有模拟法摄影测量、解析摄影测量和数字摄影测量，模拟法摄影测量是用光学和机械方法模拟摄影成像过程，通过摄影过程的几何反转建立缩小了的几何模型，在此模型上量测便可得到所需的各种图件（主要是地形原图）；解析摄影测量是用计算的方法在计算机中建立像点坐标和物点坐标之间的几何关系，所量测的结果先储存在电子计算机中，再通过数控绘图仪绘出图来；数字摄影测量则是解析摄影测量的进一步发展，包括摄影测量的数字测图和以数字（化）影像为出发点的全数字化摄影测量，是摄影测量的发展方向。

3.2.2　航摄像片基本知识

采用摄影测量方法测制地形图，必须对测区进行有计划的空中摄影。将航摄仪安装在航摄飞机上，从空中一定的高度对地面物体进行摄影，取得航摄像片。运载航摄机的飞机飞行的稳定性要好，在空中摄影过程中要能保持一定的飞行高度和航线飞行的直线性。飞机的飞行航速不宜过大，续航的时间要长，实施飞行直至把整个航摄区域摄影完毕，经过室内摄影处理（显影、定影、水洗、晾干等），从而得到了覆盖整个航摄区域的航摄像片。

1. 像片重叠度

用于地形测量的航摄像片，必须使像片覆盖整个测区，而且能够进行立体测图，相邻像片应有一定的重叠。同一条航线内相邻像片间的重叠影像称为航向重叠，相邻航线间的重叠称为旁向重叠。重叠大小用像片的重叠部分 x（y）与像片边长比值的百分数表示，称为重叠度（图 3.49）。

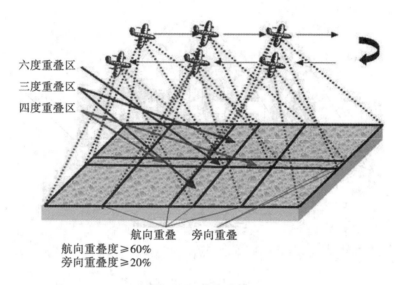

图 3.49　航片重叠

航向重叠一般规定为 60%，最小不得小于 53%，最大不大于 75%；旁向重叠一般规定为 30%，最小不得小于 15%，最大不大于 50%。

重叠度小于最小限定值时，称为航摄漏洞，不能用正常航测方法作业，必须补飞补摄；重叠度过大时，会造成浪费，也不利于测图。

2. 航摄比例尺与航高

当航摄像片有倾斜、地形有起伏时，航摄的比例尺是一个较为复杂的问题，我们将在后面详细讨论。此处所指是一个近似的概念，借用地图比例尺的概念，把航摄像片上的一线段 l 与地面上相应线段 L 的水平距离之比，称为航摄比例尺，即

$$\frac{1}{m} = \frac{1}{L} = \frac{f}{H} \tag{3.1}$$

式中，H 为相对于测区平均水平面的航高；f 为航摄机主距（≈焦距）。

航摄比例尺不是任意的，它取决于测图比例尺，大致与测图比例尺相当。

在做航摄计划时，选定了航摄机和航摄比例尺以后，根据式（3.1），航高 H 即已确定。飞机应按预定航高 H 飞行，其差异一般不得大于 5%，同一航线内各摄影站的航高差不得大于 50m。

3.2.3 影像的立体观察和立体测量

由不同摄影站摄取的、具有一定影像重叠的两张像片，称为立体像对。立体摄影测量也称为双像摄影测量，是以立体像对为基础，通过对立体像对的观察和量测确定地面目标的形状、大小、空间位置及性质的一门技术。以单张像片解析为基础的摄影测量通常称为单像摄影测量或平面摄影测量，这种摄影测量不能解决地面目标的三维坐标测定问题，解决这个问题要依靠立体摄影测量。下面介绍立体像对的基本几何关系，如图 3.50 所示。

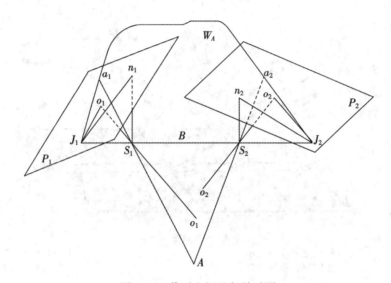

图 3.50　像对空间几何关系图

图 3.50 表示处于摄影位置的立体像对，S_1、S_2 为两个摄站，角标 1、2 表示左右。S_1S_2 的连线叫做摄影基线，记做 B。地面点 A 的投射线 AS_1 和 AS_2 叫做同名光线或相应光线，同名光线分别与两像面的交点 a_1、a_2 叫做同名像点或相应像点。显然，处于摄影位置时同名光线在同一个平面内，即同名光线共面，这个平面叫做核面。广义地说，通过摄影基线的平面都可以叫做核面，通过某一地面点的核面则叫做该点的核面。例如，通过地面点 A 的核面就叫做 A 点的核面，记做 W_A。所以，在摄影时，所有的同名光线都处在各自对应的核面内，即摄影时各对同名光线都是共面的，这是关于立体像对的一个重要几何概念。

像对的立体观察是摄影测量，特别是立体摄影测量的基础技术手段。摄影测量中，广泛应用人造立体的观察。但观察中必须满足形成人造立体视觉的条件：

（1）由两个摄影站点摄取同一景物而组成立体像对；

（2）每只眼睛必须分别观察像对的一张像片；

（3）两条同名像点的视线与眼基线应在一个平面内。

首先，人造立体效能的条件之一是每只眼睛只应观察一张像片，这违反了人们日常观察自然界景物时眼的交向本能的习惯。其次，在人造立体效能中观察的是像片平面，凝视的条件要求不改变，而交向的地方是视模型，随点位的远近而异，这又违反了眼的交向本能和凝视本能同时协调的习惯。因此，就有必要采取某种措施来帮助完成人造立体效能应具备的条件和改善眼的视觉本能的状况。

3.2.4 航空摄影测量成图过程

全数字型的数字摄影测量系统首先将影像完全数字化，而不是像在混合新系统中只对影像做部分数字化。这种系统无需精密光学机械部件，可集数据获取、存储、处理、管理、成果输出为一体，在单独的一套系统中即可完成所有摄影测量任务，因而有人建议把它称为数字测图仪。由于它可产生三维图示的形象化产品，其应用将远远超过传统摄影测量的范畴，因此人们更倾向于称其为数字摄影测量工作站（DPW）或软拷贝（Softcopy）摄影测量工作站，甚至更简单、更概括地称之为数字站。数字立体测图仪的概念是Sarjakoski 于 1981 年首先提出来的，但第一套全数字摄影测量工作站是 20 世纪 60 年代在美国建立的 DAWC。20 世纪 80 年代以来，由于计算机技术的飞速发展，许多数字摄影测量工作站相继建立，早期较著名的数字摄影测量工作站有：

Helava：DPW610/650/710/750；

Zeiss：PHODIS；

Intergraph：ImageStaion；

中国武汉适普公司：VirtuoZo 数字摄影测量工作站；

北京四维远见信息技术有限公司：JX.3C 数字摄影测量工作站；

武汉大学教授张祖勋研制的数字摄影测量网格 DPGrid。

下面以武汉适普公司 VirtuoZo 为例，介绍数字测图的过程。

1. 测区建立

测区名为"班级学号"，在 VirtuoZo NT 主菜单中，选择"设置/测区参数"，屏幕显示"打开或创建一个测区"文件对话框，输入测区名即"班级学号"，进入测区参数界面。

2. 内定向

在系统主菜单中，选择"文件/打开模型"，屏幕显示"打开或创建一个模型"文件对话框，输入当前模型名即"37.38"，进入模型参数界面。

其中模型目录、临时文件目录、产品目录均由程序自动产生，只需在左影像、右影像栏分别引入左影像名及右影像名。影像匹配窗口和间距一般相同（其参数为奇数，最小值为5）。模型参数填写好后，选择"保存"即可。

3. 相对定向

在系统主菜单中，选择"处理/定向/相对定向"，系统读入当前模型的左右影像数据，屏幕显示相对定向界面。

单击鼠标右键，弹出菜单，选择"自动相对定向"，程序将自动寻找同名点，进行相对定向。完成后，影像上显示相对定向点（红十字丝）。

4. 绝对定向

在相对定向的界面下，按照控制点的真实地面位置，在影像上逐个量测。依次量测三个控制点后（三个控制点不能位于一条线上），可进行控制点预测，即单击鼠标右键弹出菜单，选择预测控制点。随即影像上显示出几个蓝色小圈，以表示待测控制点的近视位置。然后继续量测蓝圈所示的待测控制点。

5. 核线影像生成

单击鼠标右键弹出菜单，选择"生成核线影像→非水平核线"，程序依次对左、右影像进行核线重采样，生成模型的核线影像。

6. 数字线划图采集

1）建立测图文件

新建一个测图文件：选择"File/New Xyz File"，屏幕弹出"文件查找"对话框，输入一个新的 xyz 文件名，弹出"测图参数"对话框。在对话框中输入各项测图参数：成图比例尺（分母）；高程注记的小数位数；流数据压缩容限（单位：毫米）；图廓坐标：Xtl、Ytl（左上角）、Xtr、Ytr（右上角）、Xbl、Ybl（左下角）、Xbr、Ybr（右下角）。选择"Save"按钮后，将创建一个新的测图文件，此时屏幕弹出矢量图形窗，并显示其测图的图廓范围。

2）测图环境设置

（1）装载立体模型。当打开测图文件后，方可打开立体模型。在菜单栏中选择"File→Open"，在文件查找对话框中，选择一个模型 ＊＊＊.mod（或 ＊.set）文件，打开后，屏幕弹出影像窗显示立体影像。

（2）界面调整与功能设置。激活当前工作窗、影像与矢量图形缩放、影像贴图与矢量图形的层控制和测标调整。

3）地物量测

地物量测的基本步骤：输入地物属性码→进入量测状态→根据需要选择线型或辅助测图功能→对地物进行量测。地物量测一般在影像窗中进行，通过立体眼镜（或立体反光镜）对需量测的地物进行观测，用鼠标或手轮脚盘移动影像并调整测标，立体切准某点后，按鼠标左键或踩左脚踏开关记录当前点，按鼠标右键或踩右脚踏开关结束量测。在量测过程中，可随时修改线型或辅助测图功能，随时取消当前的测图命令等。

3.3 遥感数字成图

3.3.1 遥感概述

遥感技术是 20 世纪 60 年代发展起来的对地观测综合性技术。它是在航空摄影测量的基础上，随着空间技术、电子计算机技术等当代科技的迅速发展，以及地学、生物学等学科发展的需要，发展形成的一门新兴的技术科学。从以飞机为主要运载工具的航空遥感，发展到以人造地球卫星、宇宙飞船和航天飞机等为运载工具的航天遥感，大大地扩展了人们的观察视野及其观测领域，形成了对地球资源和环境进行探测和监测的立体观测体系，使地理学、环境学等的研究和应用进入到一个新的阶段。

1. 遥感技术的定义

所谓遥感，是指不需要与探测目标直接接触，运用现代化的运载工具和仪器，从一定的距离获得目标物体的从紫外波段到微波波段的电磁波辐射特征信息，通过信息的接收、传输以及处理过程，依据不同目标物体所具有的不同辐射特征，来识别和区分目标物体的性质，并分析研究它们在空间上、时间上和成因上的相互关系及其变化规律的整个综合探测过程。

实际上，遥感技术包括了遥测和遥控技术。

遥测：是指对被测物体某些运动参数和性质进行远距离测量的技术，有接触测量和非接触测量。

遥控：是指远距离控制目标物体运动状态和过程的技术。

2. 遥感技术的特性

遥感技术具有如下主要特性：

（1）空间特性（广）：探测范围大，具有宏观、综合的特点，可以实施大面积的同步观测。进行资源和环境调查时，大面积的同步观测所取得的数据是最宝贵的。

例如：一张 23cm×23cm 的 1/3.5 万的航空像片，能包括 60 多平方公里的面积；一张 1/100 万的陆地卫星像片，能包括 185km×185km 的面积（33225 平方公里），相当于整个海南岛的面积。

（2）波段特性（多）：探测波段从可见光向两侧延伸，信息量大，数据可比性强，扩大了人们的视野，使得对地球的观测和研究走向全天时和全天候。

例如：紫外波段可以监测水面的油膜污染，红外波段能够探测地表温度，微波波段具有穿透云层、冰层和植被的能力。

（3）时相特性（多）：对同一地区能够进行重复探测成像，而且获取信息的速度快，重访周期短，有利于动态监测研究，大大提高了观测的时效性。

例如：陆地卫星对同一地区的重访周期为 18 天/次和 16 天/次，极轨气象卫星的重访周期为 2 次/天，SPOT 卫星的重访周期为 26 天/次。

（4）收集资料特性（便）：不受地面条件的限制，不受国界的影响，收集资料十分方便，便于进行全球性的研究。

例如：在无人区，以及崇山峻岭、悬崖峭壁、海洋、荒漠等人到不了的地区，都能获得遥感资料。

（5）经济特性：可以大大地节省人力、物力、财力和时间，传统方法是无可比拟的；而且其应用范围广，具有很高的经济效益和社会效益；其强大的生命力展现出广阔的发展前景。

例如：据有关资料统计表明，美国的陆地卫星的经济投入与取得的效益之比至少为1：80。

（6）局限性：目前，在地球遥感中，还有一部分的电磁波段有待进一步的开发与利用。

3.3.2　遥感技术系统

遥感技术系统是实现遥感目的的方法论、设备和技术的总称。现已成为一个从地面到高空的多维、多层次的立体化观测系统，研究内容大致包括遥感数据获取、传输、处理、分析应用以及遥感物理的基础研究等方面。

遥感技术系统主要有：

（1）遥感平台系统，即运载工具，包括各种飞机、卫星、火箭、气球、高塔、机动高架车等；

（2）遥感仪器系统，如各种主动式和被动式、成像式和非成像式、机载的和星载的传感器及其技术保障系统；

（3）数据传输和接收系统，如卫星地面接收站、用于数据中继的通信卫星等；

（4）地面台站系统用于地面波谱测试和获取定位观测数据的各种地面台站网；

（5）数据处理系统，用于对原始遥感数据进行转换、记录、校正、数据管理和分发；

（6）分析应用系统，包括对遥感数据按某种应用目的进行处理、分析、判读、制图的一系列设备、技术和方法。

遥感技术系统是一个非常庞杂的体系。对某一特定的遥感目的来说，可选定一种最佳的组合，以发挥各分系统的技术优势和总体系统的技术经济效益。

3.3.3　遥感图像处理

遥感数字图像处理涉及数据的来源、数据的处理以及数据的输出，这就是处理的三个阶段：输入、处理和输出，处理过程流程如图 3.51 所示，包括的内容有：

（1）数据的输入。采集的数据中包括模拟数据（航空照片等）和数字数据（卫星图像等）两种。

（2）校正处理。对进入处理系统的数据，首先，必须进行辐射矫正和几何纠正；其次，按照处理的目的进行变换、分类。

（3）变换处理。把某一空间数据投影到另一空间上，使观测数据所含的一部分信息得到增强。

（4）分类处理。以特征空间的分割为中心，确定图像数据与类别之间的对应关系的图像处理方法。

（5）结果输出。处理结果可分为两种，一种是经 D/A 变换后作为模型数据，输出到显示装置及胶片上；另一种是作为地理信息系统等其他处理系统的输入数据，以数字数据输出。

3.3.4　遥感成图

遥感技术较早是应用于测绘方面，主要是用于航测，进行地图信息的更新与补充。我国在 20 世纪 70 年代开始研究遥感制图，它是地图学的分支学科。

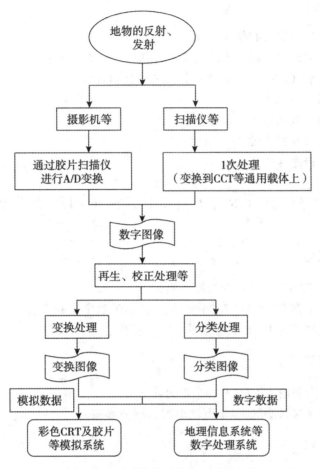

图 3.51　遥感数字图像处理过程流程

　　遥感制图是指以遥感所提供的信息为依据，利用遥感数据分析处理技术和现代地图的制图方法，按照地图的规定和用途（用图）的需要，来完成遥感信息的制图表示和制作地图的过程。常规的制图方法比较慢、陈旧；遥感制图可以快速更新信息，便于动态分析。由于遥感是多波段的，要比常规地图包含更多的信息。遥感数据可以存储于磁带，非常有助于计算机自动化制图，也称机助制图。

　　遥感图像用于测制地形图取决于航天遥感影像所提供的平面位置、高程精度以及影像分辨率的大小。当前，应用遥感图像可以测制中小比例尺地图，这对于一些偏僻和困难地区的测图工作，可以节省时间和减少费用，具有现实的意义。

　　另外，利用遥感图像与航空像片合成测制地形图，即用卫星像片进行空中三角测量，提供制作地形图所需要的几何信息，而用航空像片提取影像信息。其方法是：利用预先经过纠正和放大的卫星像片作为基础，对单张航空像片进行纠正，用光学镶嵌法制成像片镶嵌图，将卫星像片与航空像片的影像套合，来测制地形图。

◎ 习题和思考题

1. 简述什么是地形图的扫描矢量化。
2. 矢量电子图与纸质地图和点阵图像地图相比有什么优点？
3. 简述运用 CASSCAN5.0 进行地图扫描矢量化的过程。
4. 简述摄影测量的概念。
5. 航摄像片的参数包括哪些内容？
6. 简述航测内业成图的过程。
7. 简述遥感的概念与作用。

实训 5 ×××矿区 1∶1 万地形图扫描数字化

1. 实训目的任务

（1）熟悉南方 CASSCAN5.0 的绘图环境；
（2）掌握运用南方 CASSCAN5.0 进行地形图扫描数字化的方法；
（3）完成×××矿区 1∶1 万地形图的扫描数字化。

2. 实训设备资料

（1）每人一台安装南方 CASSCAN5.0 的计算机；
（2）每人一份×××矿区 1∶1 万地形图的栅格影像。

3. 实训方法步骤

（1）设定比例尺；
（2）插入矢量图框；
（3）插入光栅图像；
（4）光栅图像纠正；
（5）保存光栅图；
（6）图形数字化；
（7）图形检查整饰；
（8）成果保存输出。

4. 实训上交成果

（1）×××矿区 1∶1 万数字地形图一份，以"班级+姓名"命名文件夹，上交电子成果。
（2）×××矿区 1∶1 万数字地形图的纸质打印图一份。

第4章 数字图的工程应用

【教学目标】

通过本章学习，要求掌握地形图基本几何要素的查询方法，掌握DTM法、方格网法、断面法及等高线等方法计算土石方工程量，掌握根据坐标文件、里程文件、等高线及三角网绘制断面图的方法，掌握公路曲线设计、图数转换等工程应用，了解地面模型透视图和三维模型图的绘制。

4.1 基本几何要素的查询

4.1.1 查询指定点坐标

在南方CASS软件中，可以直接查询指定点坐标，具体操作方法如下：

用鼠标点取"工程应用/查询指定点坐标"，如图4.1所示；然后用鼠标点取所要查询的点，即可显示指定点的坐标，也可以进入点号定位方式，再输入要查询的点号。

系统左下角状态栏显示的坐标是笛卡儿坐标系中的坐标，与测量坐标系的X和Y的顺序相反。用此功能查询时，系统在命令行给出的X、Y是测量坐标系的坐标值。

4.1.2 查询两点间的距离及方位

在南方CASS软件中，可以直接查询两点间的距离及方位，具体操作方法如下：

用鼠标点取"工程应用/查询两点距离及方位"，如图4.1所示；然后用鼠标分别点取所要查询的两个点，即可显示这两个点间距离和方位，也可以进入点号定位方式，再输入两点的点号。

在南方CASS软件中，所显示的两点间的距离为实地距离。

4.1.3 查询线长及实体面积

在南方CASS软件中，可以直接查询实体线长及实体面

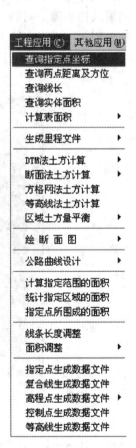

图4.1 "工程应用"子菜单

积，具体操作方法如下：

在"工程应用/查询线长"，如图 4.1 所示，系统提示"选择对象"，选择要查询线长的对象，即可显示所查询线长。

在"工程应用/查询实体面积"，如图 4.1 所示，系统提示"（1）选取实体边线（2）点取实体内部点:"，然后根据相应提示可查询出实体的面积。注意，查询实体应该是闭合的。这项功能针对的是查询单个实体的面积。

4.1.4 计算地形表面积

对于不规则地貌，其表面积很难通过常规的方法来计算。在这里，可以通过建模的方法来计算，系统通过 DTM 建模，在三维空间内将高程点连接为带坡度的三角形，再通过每个三角形面积累加得到整个范围内不规则地貌的面积。

例如：计算矩形范围内地貌的表面积，如图 4.2 所示。

点击"工程应用 \ 计算表面积 \ 根据坐标文件"命令，命令区提示：

请选择：（1）根据坐标数据文件（2）根据图上高程点：回车选 1；

选择土方边界线用拾取框选择图上的复合线边界；

请输入边界插值间隔（米）：<20>5，输入在边界上插点的密度；

表面积 = 2138.552 平方米，详见 surface.log 文件显示计算结果，surface.log 文件保存在 \ CASS7.0 \ SYSTEM 目录下面。

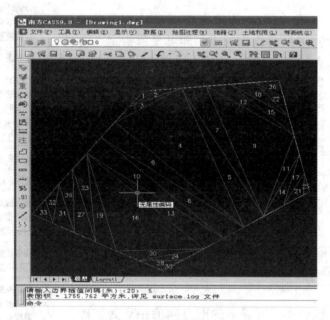

图 4.2　计算地形表面积

另外，计算表面积还可以根据图上高程点，操作的步骤相同，但计算的结果会有差异，因为由坐标文件计算时，边界上内插点的高程由全部的高程点参与计算得到，而由图

116

上高程点来计算时，边界上内插点只与被选中的点有关，故边界上点的高程会影响到表面积的结果。到底用哪种方法计算合理，与边界线周边的地形变化条件有关，变化越大的，越趋向于用图面上来选择。

4.2 土方工程量的计算

4.2.1 DTM 法土方工程量计算

由 DTM 模型来计算土方工程量是根据实地测定的地面点坐标（X，Y，Z）和设计高程，通过生成三角网来计算每一个三棱锥的填挖方量，最后累计得到指定范围内填方和挖方的土方工程量，并绘出填挖方分界线。

DTM 法土方计算共有三种方法，第一种是由坐标数据文件计算，第二种是依照图上高程点进行计算，第三种是依照图上的三角网进行计算。前两种方法包含重新建立三角网的过程，第三种方法直接采用图上已有的三角形，不再重建三角网。下面分述三种方法的操作过程：

1. 根据坐标计算

用复合线画出所要计算土方的区域，一定要闭合，但是尽量不要拟合。因为拟合过的曲线在进行土方计算时会用折线迭代，影响计算结果的精度。

用鼠标点取"工程应用/DTM 法土方计算 \ 根据坐标文件"。

提示：选择边界线，用鼠标点取所画的闭合复合线，弹出如图 4.3 所示的"DTM 土方计算参数设置"对话框。

区域面积：该值为复合线围成的多边形的水平投影面积。

平场标高：为设计要达到的目标高程。

边界采样间隔：边界插值间隔的设定，默认值为 20 米。

边坡设置：选中处理边坡复选框后，则坡度设置功能变为可选，选中放坡的方式（向上或向下：指平场高程相对于实际地面高程的高低，平场高程高于地面高程，则设置为向下放坡，不能计算向内放坡，即不能计算向范围线内部放坡的工程），然后输入坡度值。

设置好计算参数后，屏幕上显示填挖方的提示框，命令行显示：

挖方量＝××××立方米，填方量＝××××立方米

同时，图上绘出所分析的三角网、填挖方的分界线（白色线条）。如图 4.4 所示。计算三角网构成详见

图 4.3 "DTM 土方计算参数
设置"对话框

cass \ system \ dtmtf. log 文件。

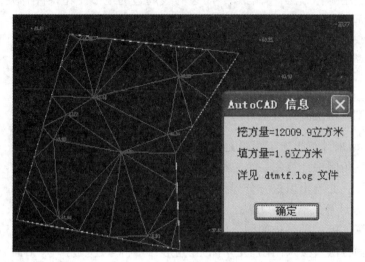

图 4.4　填挖方提示框

关闭对话框后，系统提示：

请指定表格左下角位置：<直接回车不绘表格>用鼠标在图上适当位置点击，CASS
9.0 会在该处绘出一个表格，包含平场面积、最大高程、最小高程、平场标高、填方量、
挖方量和图形，如图 4.5 所示。

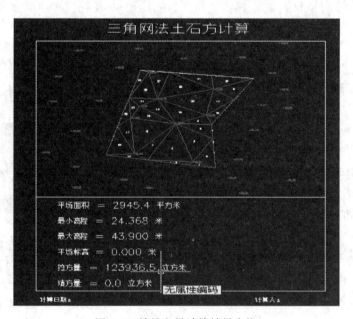

图 4.5　填挖方量计算结果表格

2. 根据图上高程点计算

首先要展绘高程点，然后用复合线画出所要计算土方的区域，要求同 DTM 法。

用鼠标点取"工程应用/DTM 法土方计算/根据图上高程点计算"。

提示：选择边界线用鼠标点取所画的闭合复合线。

选择高程点或控制点时，可逐个选取要参与计算的高程点或控制点，也可拖框选择。如果键入"ALL"回车，将选取图上所有已经绘出的高程点或控制点。弹出"DTM 法土方计算参数设置"对话框，以下操作则与坐标计算法一样。

3. 根据图上的三角网计算

对已经生成的三角网进行必要的添加和删除，使结果更接近实际地形。

用鼠标点取"工程应用/DTM 法土方计算/依图上三角网计算"

提示：平场标高（米）：输入平整的目标高程。

请在图上选取三角网：用鼠标在图上选取三角形，可以逐个选取也可拉框批量选取。

回车后，屏幕上显示填挖方的提示框，同时图上绘出所分析的三角网、填挖方的分界线（白色线条）。

注意：用此方法计算土石方工程量时，不要求给定区域边界，因为系统会分析所有被选取的三角形，因此在选择三角形时一定要注意不要漏选或多选，否则计算结果有误，且很难检查出问题所在。

4.2.2　方格网法土方工程量计算

由方格网来计算土石方工程量是根据实地测定的地面点坐标（X，Y，Z）和设计高程，通过生成方格网来计算每一个方格内的填挖方量，最后累计得到指定范围内填方和挖方的土石方工程量，并绘出填挖方分界线。

系统首先将方格的四个角上的高程相加（如果角上没有高程点，则通过周围高程点内插得出其高程），取平均值与设计高程相减。然后通过指定的方格边长得到每个方格的面积，再用长方体的体积计算公式得到填挖方量。方格网法简便直观、易于操作，因此这一方法在实际工作中应用非常广泛。

用方格网法计算土石方工程量，设计面可以是平面，也可以是斜面，还可以是三角网，如图 4.6 所示。

1. 设计面是平面时的操作步骤

用复合线画出所要计算土方的区域，一定要闭合，但是尽量不要拟合。因为拟合过的曲线在进行土方计算时会用折线迭代，影响计算结果的精度。

选择"工程应用/方格网法土方计算"命令。

命令行提示："选择计算区域边界线"，选择土方计算区域的边界线（闭合复合线）。

屏幕上将弹出如图 4.10 所示的"方格网土方计算"对话框，在对话框中选择所需的坐标文件；在"设计面"栏选择"平面"，并输入目标高程；在"方格宽度"栏输入方格网的宽度，这是每个方格的边长，默认值为 20 米。由原理可知，方格的宽度越小，计算精度越高，但如果给的值太小，超过了野外采集的点的密度，也是没有实际意义的。

点击"确定"，命令行提示：

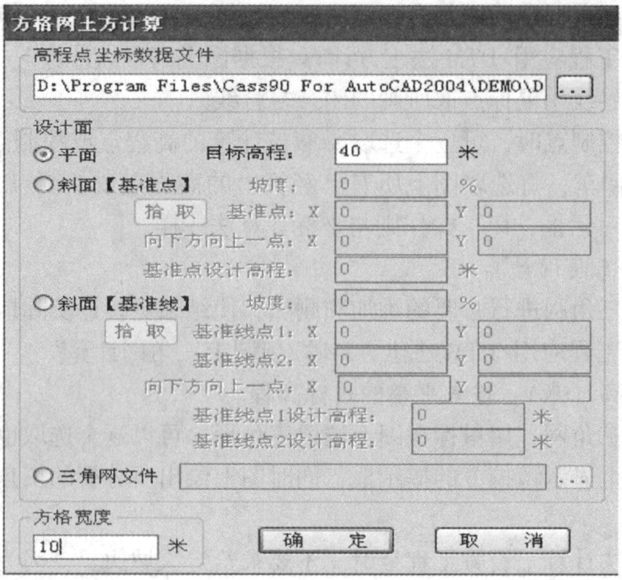

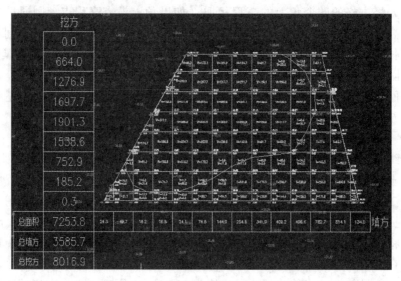

图 4.6 "方格网土方计算"对话框

最小高程＝××.×××，最大高程＝××.×××

总填方＝××××.×立方米，总挖方＝×××.×立方米

同时，图上绘出所分析的方格网，填挖方的分界线（绿色折线），并给出每个方格的填挖方，每行的挖方和每列的填方。结果如图 4.7 所示。

图 4.7　方格网法土方计算成果图

120

2. 设计面是斜面时的操作步骤

设计面是斜面的时候，操作步骤与平面的时候基本相同，区别在于在方格网土方计算对话框中"设计面"栏中，选择"斜面（基准点）"或"斜面（基准线）"。

如果设计的面是斜面（基准点），需要确定坡度、基准点和向下方向上一点的坐标，以及基准点的设计高程。

点击"拾取"，命令行提示：

点取设计面基准点：确定设计面的基准点。

指定斜坡设计面向下的方向：点取斜坡设计面向下的方向。

如果设计的面是斜面（基准线），则需要输入坡度，并点取基准线上的两个点以及基准线向下方向上的一点，最后输入基准线上两个点的设计高程即可进行计算。

点击"拾取"，命令行提示：

点取基准线第一点：点取基准线的一点。

点取基准线第二点：点取基准线的另一点。

指定设计高程低于基准线方向上的一点：指定基准线方向两侧低的一边。

方格网计算的成果如图 4.7 所示。

3. 设计面是三角网文件时的操作步骤

选择设计的三角网文件，点击"确定"，即可进行方格网土方计算。三角网文件由"等高线"菜单生成。

4.2.3 断面法土方工程量计算

断面法土方计算主要用在公路土方计算和区域土方计算，对于特别复杂的地方，可以用任意断面设计方法。断面法土方计算主要有道路断面、场地断面和任意断面三种计算方法。

1. 道路断面法土方计算

1）生成里程文件

里程文件用离散的方法描述了实际地形，接下来的所有工作都是在分析里程文件里的数据后才能完成的。

生成里程文件常用的有四种方法，点取菜单"工程应用"，在弹出的菜单里选"生成里程文件"，CASS9.0 提供了五种生成里程文件的方法，如图 4.8 所示。

（1）由纵断面线生成。CASS9.0 综合了以前版本由图面生成和由纵断面生成两者的优点。在生成的过程中充分体现灵活、直观、简洁的设计理念，将图纸设计的直观和计算机处理的快捷紧密结合在一起。

在使用生成里程文件之前，要事先用复合线绘制出纵断面线。

用鼠标点取"工程应用/生成里程文件/由纵断面线生成/新建"。

屏幕提示：

请选取纵断面线：用鼠标点取所绘纵断面线，弹出如图 4.9 所示对话框。

中桩点获取方式："结点"表示结点上要有断面通过；"等分"表示从起点开始用相同的间距；"等分且处理结点"表示用相同的间距且要考虑不在整数间距上的结点。

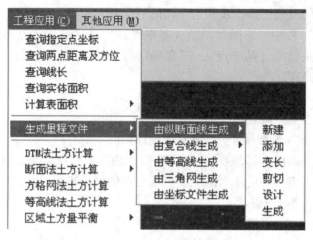

图 4.8　"生成里程文件"菜单

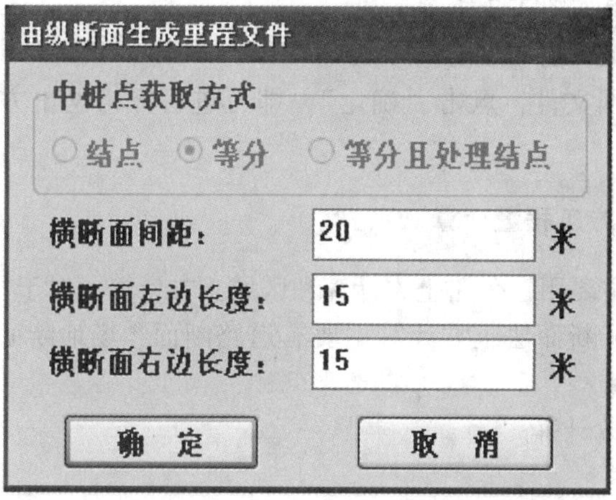

图 4.9　"由纵断面生成里程文件"对话框

横断面间距：两个断面之间的距离，此处输入"20"。

横断面左边长度：输入大于 0 的任意值，此处输入"15"。

横断面右边长度：输入大于 0 的任意值，此处输入"15"。

选择其中的一种方式后，则自动沿纵断面线生成横断面线，如图 4.10 所示。

其他编辑功能用法如下：

①添加：在现有基础上添加横断面线。执行"添加"功能，命令行提示：

选择纵断面线，用鼠标选择纵断面线。

输入横断面左边长度：（米）20。

输入横断面右边长度：（米）20。

选择获取中桩位置方式：（1）鼠标定点　（2）输入里程<1>：1 表示直接用鼠标在纵断面线上定点，2 表示输入线路加桩里程。

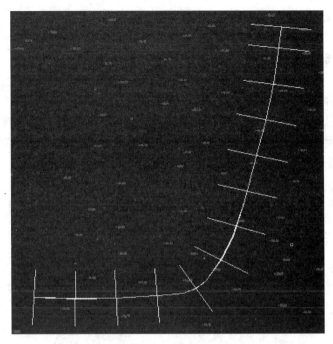

图 4.10　由纵断面生成横断面

指定加桩位置：用鼠标定点或输入里程。

②变长：可将图上横断面左右长度进行改变。执行"变长"功能，命令行提示：

选择纵断面线：

选择横断面线：

选择对象：找到一个。

选择对象：

输入横断面左边长度：（米）21。

输入横断面右边长度：（米）21，输入左右的目标长度后该断面变长。

③剪切：指定纵断面线和剪切边后，剪掉部分断面多余部分。

④设计：直接给横断面指定设计高程。首先绘出横断面线的切割边界，选定横断面线后弹出设计高程输入框。

⑤生成：当横断面设计完成后，点击"生成"，将设计结果生成里程文件。

（2）由复合线生成。这种方法用于生成纵断面的里程文件。它从断面线的起点开始，按间距次记下每一交点在纵断面线上离起点的距离和所在等高线的高程。

（3）由等高线生成。这种方法只能用来生成纵断面的里程文件。它从断面线的起点开始，处理断面线与等高线的所有交点，依次记下每一交点在纵断面线上离起点的距离和所在等高线的高程。

在图上绘出等高线，再用轻量复合线绘制纵断面线（可用 PL 命令绘制）。

用鼠标点取"工程应用/生成里程文件/由等高线生成"。

屏幕提示：

请选取断面线：用鼠标点取所绘纵断面线。

屏幕上弹出"输入断面里程数据文件名"对话框，来选择断面里程数据文件。这个文件将保存要生成的里程数据。

屏幕提示：

输入断面起始里程：<0.0>。

如果断面线起始里程不为0，则在这里输入。回车，里程文件生成完毕。

（4）由三角网生成。这种方法只能用来生成纵断面的里程文件。它从断面线的起点开始，处理断面线与三角网的所有交点，依次记下每一交点在纵断面线上离起点的距离和所在三角形的高程。

在图上生成三角网，再用轻量复合线绘制纵断面线（可用PL命令绘制）。

用鼠标点取"工程应用/生成里程文件/由三角网生成"。

屏幕提示：

请选取断面线：用鼠标点取所绘纵断面线。

屏幕上弹出"输入断面里程数据文件名"对话框，来选择断面里程数据文件。这个文件将保存要生成的里程数据。

屏幕提示：

输入断面起始里程：<0.0>。

如果断面线起始里程不为0，则在这里输入。回车，里程文件生成完毕。

（5）由坐标文件生成。用鼠标点取"工程应用/生成里程文件/由坐标文件生成"。

屏幕上弹出"输入简码数据文件名"对话框，来选择简码数据文件。这个文件的编码必须按以下方法定义，具体例子见"DEMO"子目录下的"ZHD. DAT"文件：

总点数

点号，M1，X坐标，Y坐标，高程

点号，1，X坐标，Y坐标，高程

……

点号，M2，X坐标，Y坐标，高程

点号，2，X坐标，Y坐标，高程

……

点号，Mi，X坐标，Y坐标，高程

点号，i，X坐标，Y坐标，高程

……

其中，代码为Mi表示道路中心点，代码为i表示该点是对应Mi的道路横断面上的点

注意：M1、M2、M3各点应按实际的道路中线点顺序，而同一横断面的各点可不按顺序。

屏幕上弹出"输入断面里程数据文件名"对话框，来选择断面里程数据文件。这个文件将保存要生成的里程数据。

命令行提示：

输入断面序号：<直接回车处理所有断面>，如果输入断面序号，则只转换坐标文件中该断面的数据；如果直接回车，则处理坐标文件中所有断面的数据。

严格来说，生成里程文件还可以用手工输入和编辑。手工输入就是直接在文本中编辑里程文件，在某些情况下，这比由图面生成等方法还要方便、快捷，但此方法要求用户对里程文件的结构有较深的认识。

2）选择土方计算类型

用鼠标点取"工程应用/断面法土方计算/道路断面"，如图4.11所示。

点击后弹出对话框，道路断面的初始参数都可以在这个对话框中进行设置，如图4.12所示。

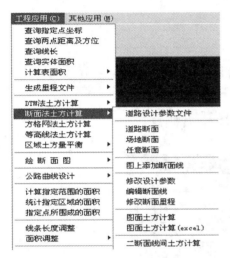

图4.11 "断面法土方计算"子菜单

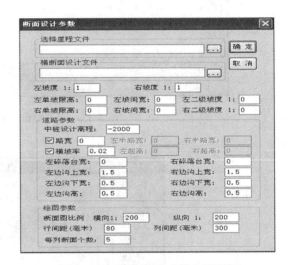

图4.12 "断面设计参数"对话框

3）给定计算参数

接下来，就是在上一步弹出的对话框中输入道路的各种参数。

选择里程文件：

点击确定左边的按钮（上面有三点的），出现"选择里程文件名"对话框。选定第一步生成的里程文件。

横断面设计文件：横断面的设计参数可以事先写入到一个文件中，点击"工程应用/断面法土方计算/道路设计参数文件"，弹出如图4.13所示输入界面。

如果不使用道路设计参数文件，则在图4.17中把实际设计参数填入各相应的位置。注意：单位均为米。

点"确定"按钮后，弹出如图4.14所示对话框。

系统根据上步给定的比例尺，在图上绘出道路的纵断面。

至此，图上已绘出道路的纵断面图及每一个横断面图。

如果道路设计时该区段的中桩高程全部一样，就不需要下一步的编辑工作了。但实际上，有些断面的设计高程可能和其他的不一样，这样就需要手工编辑这些断面。

图 4.13 "道路设计参数设置"界面

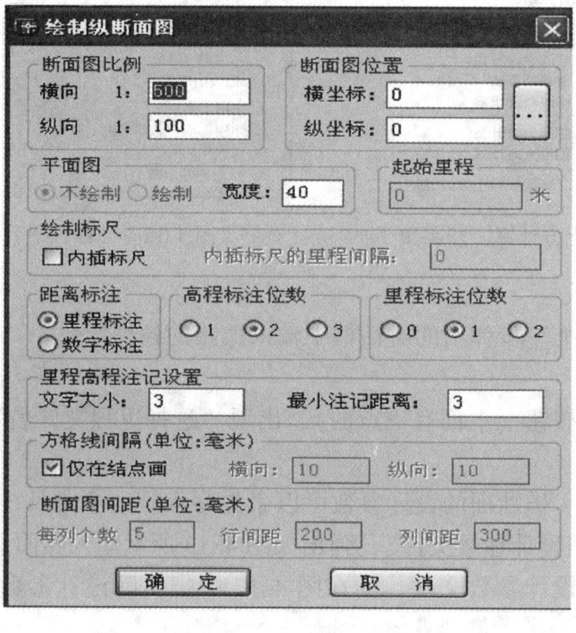

图 4.14 "绘制纵断面图"对话框

　　如果生成的部分设计断面参数需要修改，则用鼠标点取"工程应用/断面法土方计算/修改设计参数"，如图 4.15 所示。

屏幕提示：

选择断面线：这时可用鼠标点取图上需要编辑的断面线，选设计线或地面线均可。选

126

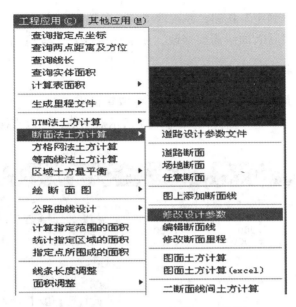

图 4.15 "修改设计参数"子菜单

中后弹出如图 4.16 所示对话框，可以非常直观地修改相应参数。

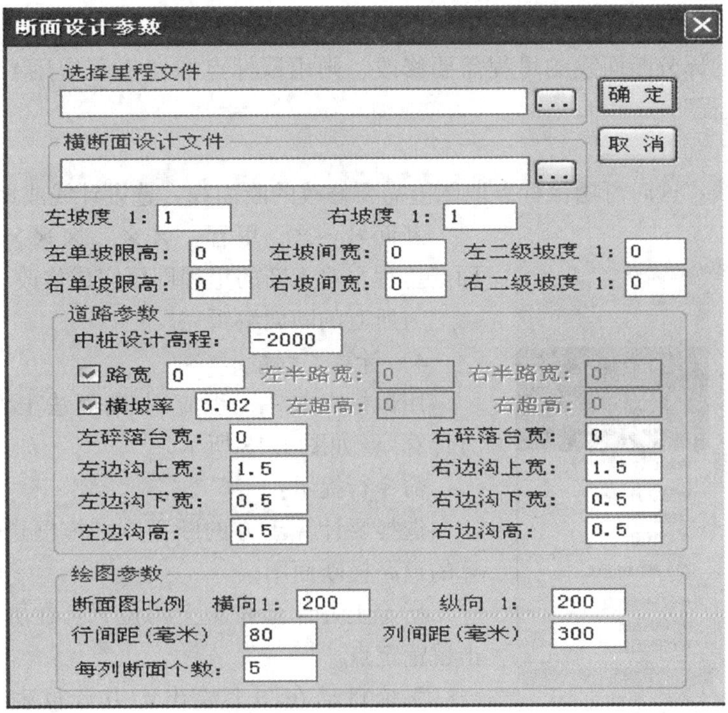

图 4.16 "断面设计参数"对话框

修改完毕后点击"确定"按钮,系统取得各个参数,自动对断面图进行重算。

如果生成的部分实际断面线需要修改,用鼠标点取"工程应用/断面法土方计算/编辑断面线"功能。

屏幕提示:

选择断面线:这时可用鼠标点取图上需要编辑的断面线,选设计线或地面线均可(但编辑的内容不一样)。选中后弹出如图4.17所示对话框,可以直接对参数进行编辑。

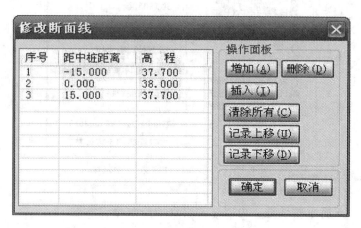

图4.17 "修改断面线"对话框

如果生成的部分断面线的里程需要修改,则用鼠标点取"工程应用\断面法土方计算/修改断面里程"。

屏幕提示:

选择断面线:这时可用鼠标点取图上需要修改的断面线,选设计线或地面线均可。

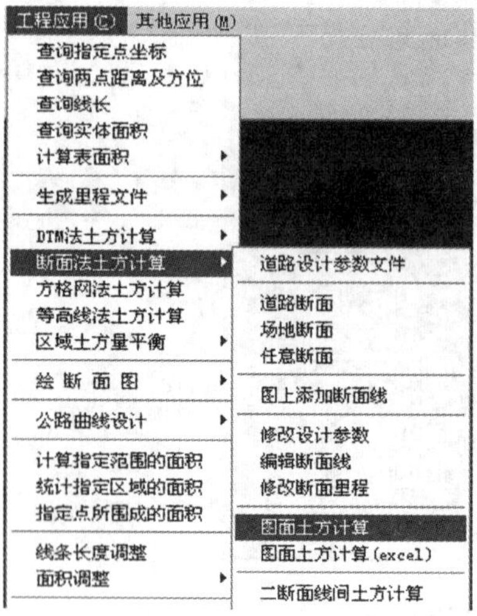

图4.18 "图面土方计算"子菜单

断面号:×,里程:××..×××,请输入该断面新里程:输入新的里程即可完成修改。

将所有的断面编辑完。

4)计算工程量

用鼠标点取"工程应用/断面法土方计算/图面土方计算",如图4.18所示。

命令行提示:

选择要计算土方的断面图:拖框选择所有参与计算的道路横断面图。

指定土方计算表左上角位置:在屏幕适当位置点击鼠标定点。

系统自动在图上绘出土方计算表,并在命令行提示:

总挖方=××××立方米,总填方=××××立

方米

至此，该区段的道路填挖方量已经计算完成，可以将道路纵横断面图和土石方计算表打印出来，作为工程量的计算结果。

2. 场地断面土方计算

1）生成里程文件

在场地的土方计算中，常用的里程文件生成方法同由纵断面线方法计算一样，不同的是在生成里程文件之前利用"设计"功能加入断面线的设计高程。

2）选择土方计算类型

用鼠标点取"工程应用/断面法土方计算/场地断面"，如图 4.19 所示。

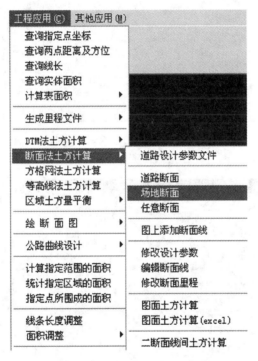

图 4.19   "场地断面"子菜单

点击后弹出对话框，道路的所有参数都是在该对话框中进行设置的。

有的人可能会认为这个对话框和道路土方计算的对话框是一样的，但实际上，在这个对话框中，道路参数全部变灰，不能使用，只有坡度等参数才可用。

3）给定计算参数

接下来就是在图 4.20 所示的对话框中输入各种参数。

选择里程文件：点击确定左边的按钮（上面有三点的），出现"选择里程文件名"对话框。选定第一步生成的里程文件。

把横断面设计文件或实际设计参数填入各相应的位置。注意：单位均为米。

点击"确定"按钮，出现如图 4.21 所示对话框。

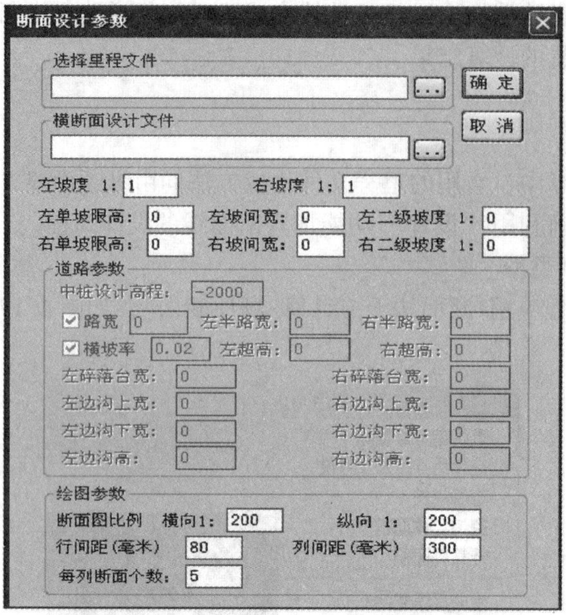

图 4.20　"断面设计参数"对话框

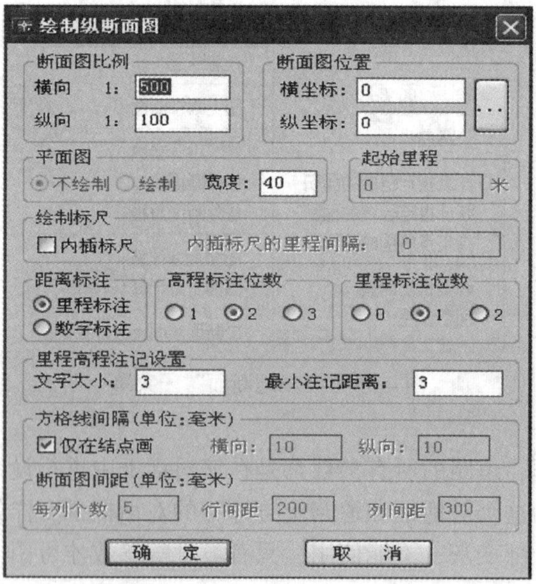

图 4.21　"绘制纵断面图"对话框

点击"确定"按钮，在图上绘出道路的纵横断面图。

如果道路设计时，该区段的中桩高程全部一样，就不需要下一步的编辑工作了。但实际上，有些断面的设计高程可能和其他的不一样，于是就需要手工编辑这些断面。

如果生成的部分断面参数需要修改，则用鼠标点取"工程应用/断面法土方计算/修改设计参数"。

屏幕提示：

选择断面线：这时可用鼠标点取图上需要编辑的断面线，选设计线或地面线均可。弹出修改参数对话框可以非常直观地修改相应参数。

修改完毕后点击"确定"按钮，系统取得各个参数，自动对断面图进行修正，这一步骤不需要用户干预，实现了所改即所得。

将所有的断面编辑完。

4）计算工程量

用鼠标点取"工程应用/断面法土方计算/图面土方计算"。

命令行提示：

选择要计算土方的断面图：拖框选择所有参与计算的道路横断面图。

指定土方计算表左上角位置：在适当位置点击鼠标左键。

系统自动在图上绘出土方计算表，如图4.31所示。

然后在命令行提示：

总挖方＝××××立方米，总填方＝××××立方米

至此，该区段的道路填挖方量已经计算完成，可以将道路纵横断面图和土方计算表打印出来，作为工程量的计算结果。

3. 任意断面土方计算

1）生成里程文件

生成里程文件有四种方法，根据情况选择合适的方法生成里程文件。

2）选择土方计算类型

用鼠标点取"工程应用/断面法土方计算/任意断面"，点击后弹出对话框，任意断面设计参数设置：

在"选择里程文件"中选择第一步中生成的里程文件。在左右两边的显示框中是对设计道路的横断面的描述，两边的描述都是从中桩开始向两边描述的。

设置好绘制纵断面的参数后，点击"确定"，图上已绘出道路的纵断面图、每一个横断面图。

3）计算工程量

计算方法如上例所述。

4.2.4 等高线法土方工程量计算

用户将白纸图扫描矢量化后可以得到图形，但这样的图都没有高程数据文件，所以无法用前面的几种方法计算土方工程量。

一般来说，这些图上都会有等高线，所以，CASS 9.0开发了由等高线计算土方工程量的功能，专为这类用户设计。

用此功能可计算任意两条等高线之间的土方工程量，但所选等高线必须闭合。由于两条等高线所围面积可求，两条等高线之间的高差已知，可求出这两条等高线之间的土方工

程量。

点取"工程应用/等高线法土方计算",屏幕提示：

选择参与计算的封闭等高线：可逐个点取参与计算的等高线，也可按住鼠标左键拖框选取，但是只有封闭的等高线才有效。

回车后，屏幕提示：

输入最高点高程：<直接回车不考虑最高点>。

回车后，屏幕弹出如图4.22所示总方量消息框。

回车后，屏幕提示：

请指定表格左上角位置：<直接回车不绘制表格>，在图上空白区域点击鼠标右键，系统将在该点绘出计算成果表格，如图4.23所示。

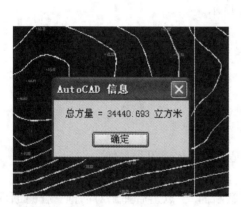

图4.22　等高线法土方计算总方量消息框

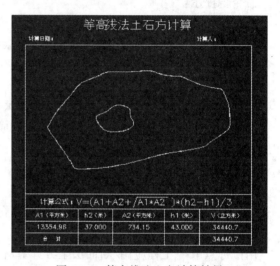

图4.23　等高线法土方计算结果

可以从表格中看到每条等高线围成的面积和两条相邻等高线之间的土方工程量，以及计算公式等。

4.2.5　区域土方工程量平衡

土方工程量平衡的功能常在场地平整时使用。当一个场地的土方平衡时，挖掉的土方刚好等于填方量。以填挖方边界线为界，从较高处挖得的土方直接填到区域内较低的地方，就可完成场地平整。这样可以大幅度减少运输费用。此方法只考虑体积上的相等，并未考虑砂石密度等因素。

在图上展出点，用复合线绘出需要进行土方平衡计算的边界。

点取"工程应用/区域土方平衡/根据坐标数据文件（根据图上高程点）"。

如果要分析整个坐标数据文件，可直接回车，如果没有坐标数据文件，而只有图上的高程点，则选根据图上高程点。

命令行提示：选择边界线：点取第一步所画闭合复合线。

输入边界插值间隔（米）：<20>。

这个值将决定边界上的取样密度，如前面所说，如果密度太大，超过了高程点的密度，实际意义并不大，一般用默认值即可。

如果前面选择"根据坐标数据文件"，将弹出对话框，要求输入高程点坐标数据文件名，如果前面选择的是"根据图上高程点"，此时命令行将提示：

选择高程点或控制点：用鼠标选取参与计算的高程点或控制点。

回车后，弹出如图4.24所示对话框。

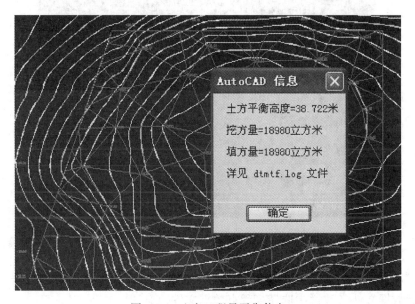

图 4.24　土方工程量平衡信息

同时，命令行出现提示：

平场面积＝××××平方米

土方平衡高度＝×××米，挖方量＝×××立方米，填方量＝×××立方米

点击对话框的"确定"按钮，命令行提示：

请指定表格左下角位置：<直接回车不绘制表格>。

在图上空白区域点击鼠标左键，在图上绘出计算结果表格，如图4.25所示。

4.3　工程断面图的绘制

4.3.1　根据坐标文件绘制断面图

坐标文件指野外观测得到的包含高程点的文件，方法如下：

先用复合线生成断面线，点取"工程应用/绘断面图/根据已知坐标"命令。

提示：选择断面线：用鼠标点取上步所绘断面线。屏幕上弹出"断面线上取值"对

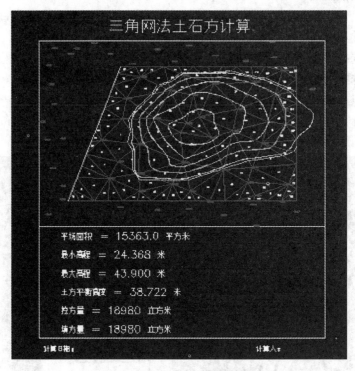

图 4.25 区域土方工程量平衡

话框，如图 4.26 所示，如果在"选择已知坐标获取方式"栏中选择"由数据文件生成"，则在"坐标数据文件名"栏中选择高程点数据文件。

图 4.26 根据已知坐标绘断面图

如果选"由图面高程点生成"，此步则为在图上选取高程点，前提是图面存在高程点，否则此方法无法生成断面图。

输入采样点间距：输入采样点的间距，系统的默认值为 20 米。采样点的间距的含义是复合线上两顶点之间若大于此间距，则每隔此间距内插一个点。

输入起始里程<0.0>：系统默认起始里程为 0。

点击"确定"之后，屏幕弹出"绘制纵断面图"对话框，如图 4.27 所示。

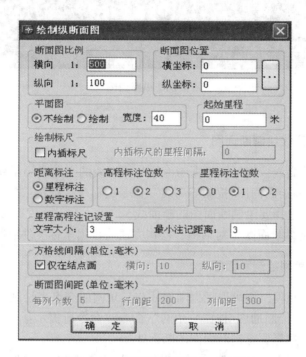

图 4.27 "绘制纵断面图"对话框

输入相关参数，如：

横向比例为 1：<500>输入横向比例，系统的默认值为 1：500。

纵向比例为 1：<100>输入纵向比例，系统的默认值为 1：100。

断面图位置：可以手工输入，亦可在图面上拾取。

可以选择是否绘制平面图、标尺、标注，还有一些关于注记的设置。

点击"确定"之后，在屏幕上出现所选断面线的断面图，如图 4.28 所示。

4.3.2 根据里程文件绘制断面图

一个里程文件可包含多个断面的信息，此时，绘断面图就可一次绘出多个断面。

里程文件的一个断面信息内允许有该断面不同时期的断面数据，这样，绘制这个断面时，就可以同时绘出实际断面线和设计断面线。

选择"工程应用/绘断面图/根据里程文件"命令，命令行提示：

输入断面里程数据文件名：选择要用于绘制断面的里程文件。

接下来操作方法与根据坐标文件绘制断面图相同。

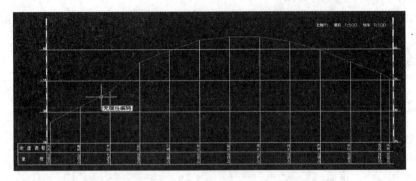

图 4.28　纵断面图

4.3.3　根据等高线绘制断面图

如果图面存在等高线，则可以根据断面线与等高线的交点来绘制纵断面图。

选择"工程应用/绘断面图/根据等高线"命令，命令行提示：

请选取断面线：选择要绘制断面图的断面线。

屏幕弹出"绘制纵断面图"对话框，操作方法与根据坐标文件绘制断面图相同。

4.3.4　根据三角网绘制断面图

如果图面存在三角网，则可以根据断面线与三角网的交点来绘制纵断面图。

选择"工程应用/绘断面图/根据三角网"命令，命令行提示：

请选取断面线：选择要绘制断面图的断面线。

屏幕弹出"绘制纵断面图"对话框，操作方法与根据坐标文件绘制断面图相同。

4.4　其他工程应用

4.4.1　公路曲线设计

1. 单个交点处理

操作过程如下：

用鼠标点取"工程应用/公路曲线设计/单个交点"命令。

屏幕上弹出"公路曲线计算"对话框，输入起点、交点和各曲线要素，如图 4.29 所示。

屏幕上会显示公路曲线和平曲线要素表，如图 4.30 所示。

2. 多个交点处理

1）曲线要素文件录入

鼠标选取"工程应用/公路曲线设计/要素文件录入"命令，命令行提示：

（1）偏角定位（2）坐标定位：<1>，选偏角定位，则弹出"公路曲线要素录入"对

图 4.29 "公路曲线计算"对话框

图 4.30 公路曲线和平曲线要素表

话框,如图 4.31 所示。

(1) 偏角定位法。起点需要输入的数据有:起点坐标、起点里程、起点看下一个交点的方位角、起点到下一个交点的直线距离。

各个交点所输入的数据有:点名、偏角、半径(若半径是 0,则为小偏角,即只是折

137

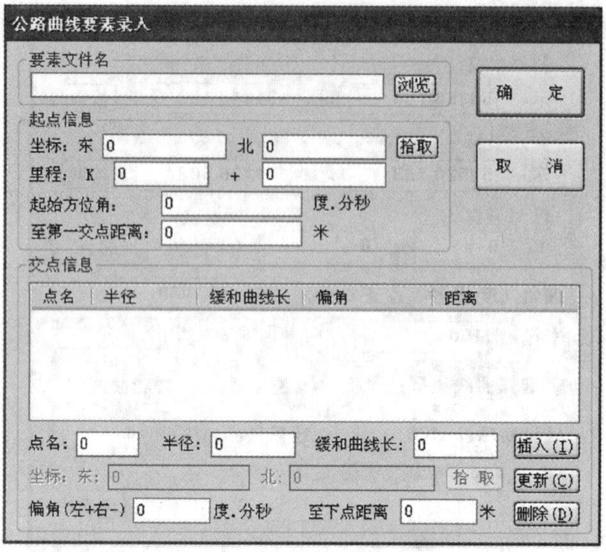

图 4.31　偏角法曲线要素录入

线，不设曲线)、缓和曲线长（若缓和曲线长为 0，则为圆曲线)、到下一个交点的距离
（如果是最后一个交点，则输入到终点的距离)。

通过起点的坐标、到下一个交点的方位角和到第一交点的距离可以推算出〈第一个
交点的坐标〉。

再根据到下一个交点的方位角和第一个交点的偏角可以推算出第一个交点到第二个交
点的方位角，再根据第一个交点到第二个交点的方位角、到第二个交点的距离和第一个
点的坐标可以推出第二个交点的坐标。

依此类推，直到终点。

选坐标定位，则弹出"公路曲线要素录入"对话框，如图 4.32 所示。

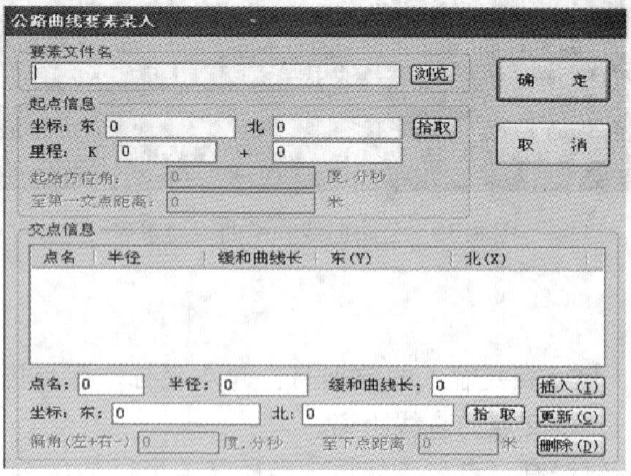

图 4.32　坐标法曲线要素录入

（2）坐标定位法。起点需要输入的数据有：起点坐标、起点里程。

各交点需输入的数据有：点名、半径（若半径是0，则为小偏角，即只是折线，不设曲线）、缓和曲线长（若缓和曲线长为0，则为圆曲线）、交点坐标（若是最后一点则为终点坐标）

由起点坐标、第一交点坐标、第二交点坐标可以反算出起点至第一交点，第一交点至第二交点的方位角，由这两个方位角可以计算出第一曲线的偏角，由偏角半径和交点坐标可以计算其他曲线要素。

依此类推，直至终点。

2）要素文件处理

鼠标选取"工程应用/公路曲线设计/曲线要素处理"命令，弹出如图4.33所示对话框。

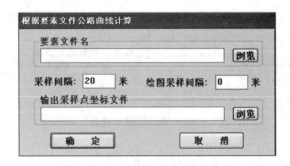

图4.33　要素文件处理

在要素文件名栏中输入事先录入的要素文件路径，再输入采样间隔、绘图采样间隔。"输出采样点坐标文件"为可选。点"确定"后，在屏幕指定平曲线要素表位置后，即绘出曲线及要素表，如图4.34所示。

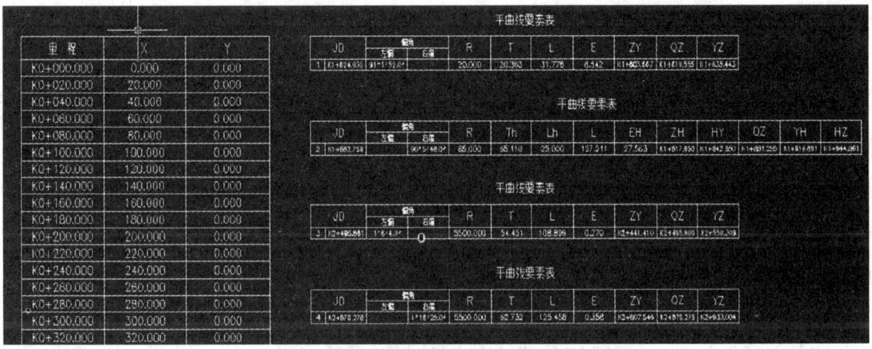

图4.34　公路曲线设计要素表

4.4.2 图数转换

1. 数据文件

1）指定点生成数据文件

用鼠标点取"工程应用/指定点生成数据文件"命令。

屏幕上弹出需要"输入坐标数据文件名"对话框，来保存数据文件，如图 4.35 所示。

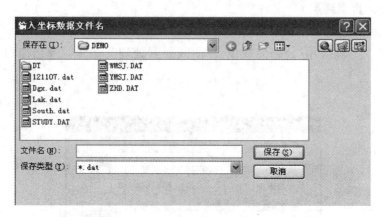

图 4.35 "输入坐标数据文件名"对话框

提示：指定点：用鼠标点需要生成数据的指定点。

地物代码：输入地物代码，如房屋为 F0 等。

高程：输入指定点的高程。

测量坐标系：X = 31.121m，Y = 53.211m，Z = 0.000m；Code：111111，此提示为系统自动给出。

请输入点号：<9>，默认的点号可由系统自动追加，也可以自己输入。

是否删除点位注记？（Y/N），<N>默认不删除点位注记。

至此，一个点的数据文件已生成。

2）高程点生成数据文件

用鼠标点取"工程应用/高程点生成数据文件/有编码高程点（无编码高程点、无编码水深点、海图水深注记）"命令，如图 4.36 所示。

屏幕上弹出"输入坐标数据文件名"的对话框，来保存数据文件。

提示：请选择：（1）选取区域边界（2）直接选取高程点或控制点<1>：选择获得高程点的方法，系统的默认设置为选取区域边界。

选择（1），提示：

请选取建模区域边界：用鼠标点取区域的边界。

OK！

选择（2），提示：

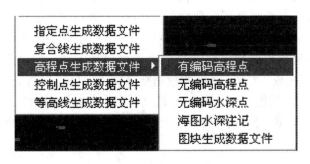

图 4.36　"高程点生成数据文件"菜单项

选择对象：（选择物体）用鼠标点取要选取的点。

如果选择无编码高程点生成数据文件，则首先要保证高程点和高程注记必须各自在同一层中（高程点和注记可以在同一层），执行该命令后，命令行提示：

请输入高程点所在层：输入高程点所在的层名。

请输入高程注记所在层：<直接回车取高程点实体 Z 值>，输入高程注记所在的层名。

共读入×个高程点：有此提示时表示成功生成了数据文件。

如果选择无编码水深点生成数据文件，则首先要保证水深高程点和高程注记必须各自在同一层中（水深高程点和注记可以在同一层），执行该命令后，命令行提示：

请输入水深点所在图层：输入高程点所在的层名。

共读入×个水深点：有该提示时表示成功生成了数据文件。

3）控制点生成数据文件

用鼠标点取"工程应用/控制点生成数据文件"命令。

屏幕上弹出"输入坐标数据文件名"对话框，来保存数据文件。

提示：共读入×××个控制点。

4）等高线生成数据文件

用鼠标点取"工程应用/等高线生成数据文件"命令。

屏幕上弹出"输入坐标数据文件名"对话框，来保存数据文件。

提示：（1）处理全部等高线结点，（2）处理滤波后等高线结点<1>：等高线滤波后结点数会少很多，这样可以缩小生成数据文件的大小。

执行完后，系统自动分析图上绘出的等高线，将所在结点的坐标记入第一步给定的文件中。

2. 交换文件

CASS 为用户提供了多种文件形式的数字地图，除 AutoCAD 的 dwg 文件外，还提供了 CASS 本身定义的数据交换文件（后缀为 cas），这为用户的各种应用带来了极大的方便。dwg 文件一般方便于用户制作各种规划设计和图库管理，cas 文件方便于用户将数字地图导入 GIS。由于 cas 文件是全信息的，因此在经过一定的处理后，便可以将数字地图的所有信息毫无遗漏地导入 GIS。由于 CAS 文件的数据格式是公开的，用户很容易根据自己的

GIS 平台的文件格式开发出相应的转换程序。CASS 的数据交换文件也为用户的其他数字化测绘成果进入 CASS 系统打开了方便之门。CASS 的数据交换文件与图形的转换是双向的，它的操作菜单中提供了这种双向转换的功能，即"生成交换文件"和"读入交换文件"，这就是说，不论用户的数字化测绘成果是以何种方法、何种软件、何种工具得到的，只要能转换为（生成）CASS 系统的数据交换文件，就可以将它导入 CASS 系统，就可以为数字化测图工作利用。另外，CASS 系统本身的"简码识别"功能就是把从电子手簿传过来的简码坐标数据文件转换成 CAS 交换文件，然后用"绘平面图"功能读出该文件而实现自动成图的。

1）生成交换文件

用鼠标点取"数据处理/生成交换文件"命令，如图 4.37 所示。

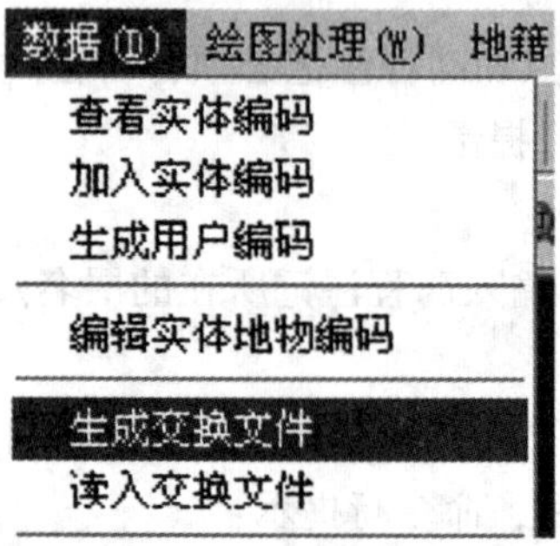

屏幕上弹出"输入数据文件名"的对话框，来选择数据文件。

提示：绘图比例尺 1：输入比例尺，回车。

可用"编辑/编辑文本"命令查看生成的交换文件。

2）读入交换文件

用鼠标点取"数据处理/读入交换文件"。

屏幕上弹出"输入 CASS 交换文件名"对话框，选择数据文件。如当前图形还没有设定比例尺，系统会提示用户输入比例尺。

系统根据交换文件的坐标设定图形显示范围，这样，交换文件中的所有内容都可以包含在屏幕显示区中了。

系统逐行读出交换文件的各图层、各实体的各项空间或非空间信息，并将其画出来，同时，各实体的属性代码也被加入。

图 4.37 "生成交换文件"菜单项

读入交换文件将在当前图形中插入交换文件中的实体，因此，如不想破坏当前图形，应在此之前打开一幅新图。

4.4.3 绘制地面模型透视图

根据数字高程模型 DEM 绘制透视立体图，是 DEM 的一个重要应用。利用数字高程模型 DEM 可以绘制透视立体图。透视立体图能更好地反映地形的立体形态，非常直观。与采用等高线表示地形形态相比，有其自身独特的优点，更接近人们的直观感觉，特别是随着计算机图形处理能力的增强以及屏幕显示系统的发展，使立体图的制作具有更大的灵活性，人们可以根据不同的需要，对于同一个地形形态进行各种不同的立体显示，例如局部放大，改变放大倍率以夸大立体形态，改变视点的位置，以便从不同的角度进行观察，甚至可以使立体图形转动，使人们更好地研究地形的空间形态。

三维物体在其投影视像给定后，沿投影线观察图形时，由于物体（图形）中表面的遮盖，使某些线段成为不可见线段，这些不可见线段称为隐藏线。要使三维图形显示具有立体图形的效果，必须对三维图形特有的隐藏线、隐藏面进行处理；否则，三维图形将失去立体感，显示的线条将杂乱模糊，容易产生二义性或多义性，使人误解。为消除二义性和多义性，增强立体感，在显示过程中应该消除实体中被遮盖的部分，这样的处理称为消隐。

消隐处理曾经是计算机三维图形绘制中重点研究的难题。对于三维图形的可见部分显示，有多种方法，要避免画出隐藏线、面，需要有一种区分线段可见与不可见的算法。现已有多种高效的消隐算法，有关消隐处理的内容请参阅计算机图形学相关知识。

DEM 三维图形显示是通过三维到二维的坐标变换，隐藏线处理，把三维空间数据投影到二维屏幕上。从一个空间三维的立体的数字高程模型到一个平面的二维透视图，其本质就是一个透视变换。DEM 三维图形显示一般采用二点透视投影变换，如图 4.38 所示为 DEM 二点透视立体图。

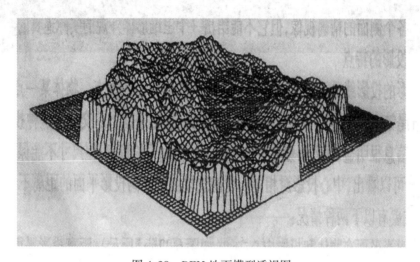

图 4.38　DEM 地面模型透视图

4.4.4　绘制三维模型

数字地形图建立了 DTM 之后，就可以生成三维模型，观察立体效果了。

移动鼠标至"等高线"项，按左键，出现下拉菜单。然后移动鼠标至"绘制三维模型"项，按左键，命令区提示：

输入高程乘系数<1.0>：输入"5"。

如果用默认值，将地形的起伏状态放大。因本图坡度变化不大，输入高程乘系数将其夸张显示。

是否拟合？（1）是（2）否<1>：回车，默认选（1），拟合。

这时将显示此数据文件的三维模型，如图 4.39 所示。

另外，利用"低级着色方式"、"高级着色方式"功能还可对三维模型进行渲染等操作，利用"显示/三维静态显示"的功能可以转换角度、视点、坐标轴，利用"显示/三维动态显示"功能可以绘出更高级的三维效果。

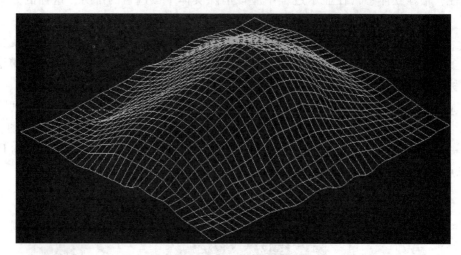

图 4.39　三维动态效果图

◎ **习题和思考题**

1. 计算土方工程量的常用方法有哪几种?
2. 简述方格网法计算土方工程量的方法步骤。
3. 简述道路断面法计算土方工程量的方法步骤。
4. 如何根据坐标文件绘制断面图?
5. 在南方 CASS9.0 数字成图软件中,如何实现由指定点生成数据文件?

实训 6　×××工程土方工程量计算

1. 实训目的任务

(1) 掌握方格网法和断面法计算土方工程量。
(2) 完成×××工程土方工程量的计算。

2. 实训数据资料

(1) ×××工程数字地形图
(2) ×××工程数字测图电子坐标数据文件
(3) ×××工程规划设计图

3. 实训方法步骤

(1) 查看×××工程数字地表图及坐标数据文件。
(2) 查看×××工程规划设计图,其中主要查看平面布置图和竖向标高图。

（3）采用方格网计算每个地块的土方工程量。

（4）采用断面法计算各道路的土方工程量。

（5）编写土方测量计算报告。

4. 实训上交成果

（1）×××工程土方工程量计算图。

（2）×××工程土方工程测量计算报告。

第 5 章　数字测图项目工程与综合实训

【教学目标】

通过本章学习，要求基本掌握一个典型数字测图项目工程的作业依据、合同编写、技术设计、组织实施、技术总结及检查验收，要求针对一个典型的数字测图项目工程进行综合实训。

5.1　数字测图项目工程

5.1.1　有关规范规程

1.《全球定位系统（GPS）测量规范》（GB/T 18314—2009）；

2.《卫星定位城市测量技术规范》（CJJ/T 73—2010）；

3.《全球定位系统实时动态测量（RTK）技术规范》（CH/T 2009—2010）；

4.《国家三、四等水准测量规范》（GB 12898—2009）；

5.《1∶500，1∶1000，1∶2000 地形图图式》（GB/T 20257.1—2007）；

6.《1∶500、1∶1000、1∶2000 外业数字测图技术规程》（GB/T14912—2005）；

7.《城市测量规范》（CJJ/T8—2011）；

8.《测绘技术设计规定》（CH/T1004—2005）；

9.《测绘技术总结编写规定》（CH/J1001—2005）；

10.《数字测绘产品质量要求》（GB/T17941.1—2000）；

11.《数字地形图系列和基本要求》（GB/T18315—2001）；

12.《数字测绘成果质量检查与验收》（GB/T18316—2008）；

13.《数字测绘产品检查验收规定和质量评定》（GB/T18316—2001）；

14.《基础地理信息标准数据基本规定》（GB21139—2007）；

15.《基础地理信息要素分类与代码》（GB/T13923—2006）。

5.1.2　项目任务合同

下面是一份典型的项目任务合同书，以供参考。

146

测 绘 合 同 书

委托方（甲方）：×××县×××镇人民政府　　合同编号：20110805

承揽方（乙方）：×××测绘有限公司　　签订地点：×××镇政府

根据《中华人民共和国合同法》、《中华人民共和国测绘法》和有关法律法规，经甲、乙双方协商一致签订本合同。

第一条　测绘范围内容

1. 测绘范围：×××县×××镇规划区，面积约12.5平方公里，具体范围详见×××县×××镇1：1万规划区范围图。

2. 测绘内容：1：1000数字地形图测绘

第二条　执行技术标准

主要技术标准：

序号	标准名称	标准代号
1	《全球定位系统（GPS）测量规范》	GB/T18314—2009
2	《全球定位系统实时动态测量（RTK）技术规范》	CH/T2009-2010
3	《国家三、四等水准测量规范》	GB12898—2009
4	《1：500、1：1000、1：2000外业数字测图技术规程》	GB/T14912—2005
5	《城市测量规范》	CJJ/T8—2011
6	《数字测绘产品质量要求》	GB/T17941.1—2000

其他技术要求：无（甲方要求）。

第三条　测绘工程费

1. 取费依据：国测财字〔2002〕3号《测绘工程产品价格》。

2. 取费项目及工程总价款：按综合价45000元/平方公里结算，合计人民币伍拾陆万贰仟伍佰元整（￥562500元）。

第四条　甲方的义务

1. 自本合同签订之日起　5　日内向乙方提交有关资料和提出技术要求。

2. 自接到乙方编制的技术设计之日起5日内完成技术设计书的审定工作。

3. 应当负责保证乙方的测绘队伍顺利进入现场工作，并对乙方进场人员的工作提供必要的条件。

第五条　乙方的义务

1. 自收到甲方的有关资料和技术要求之日起，根据甲方的有关资料和技术要求于5日内完成技术设计书编制，并交甲方审定。

2. 自收到甲方对技术设计书同意实施的审定意见起5日内组织测绘队伍进场作业。

3. 应当根据技术设计书要求及合同工期完成测绘项目，并提交相应的成果资料。

第六条　测绘项目完成工期

2011 年 11 月 25 日前完成项目所有工作并提交相应成果资料。

第七条　测绘工程费支付方式

1. 自合同签订之日起 10 日内甲方向乙方支付定金人民币 100000 元。

2. 工程结束后，乙方向甲方交付报告文件，甲方向乙方支付工程价款余款。

第八条　甲方违约责任

1. 合同签订后，乙方未进入现场工作前由于工程停止而终止合同时，甲方无权请求返还定金；乙方已进入现场工作，完成的工作量在 50% 以内时，甲方应支付工程总价款的 50%；完成工作量超 50% 时，则甲方应支付工程总价款的 100%。

2. 甲方未给乙方提供必要的工作条件而造成停、窝工时，甲方应付给乙方停、窝工费，停、窝工费按合同约定的平均工日产值计算，同时工期顺延。

3. 甲方未按期支付乙方工程费，应按延误天数和当时银行贷款利率向乙方支付违约金。

4. 对于乙方提供的图纸等资料以及属于乙方的测绘成果，甲方有义务保密，不得向第三方提供或用于本合同以外的项目，否则乙方有权对因此造成的损失追究责任。

第九条　乙方违约责任

1. 合同生效后，如乙方擅自中途停止或解除合同，乙方应向甲方双倍返还定金。

2. 乙方未能按合同规定的日期提交测绘成果时，应向甲方偿付拖期损失费，每天的拖期损失费按本合同约定的工程总价款的 0.1% 计算。

3. 乙方提供的测绘成果质量不符合合同约定的要求（而又非甲方提供的图纸资料原所致）造成后果时，乙方应对因此造成的直接损失负赔偿责任，并承担相应的法律责任（由于甲方提供的图纸资料原因产生的责任由甲方自己负责）。

4. 对于甲方提供的图纸和技术资料以及属于甲方的测绘成果，乙方有义务保密，不得向第三方转让，否则，甲方有权对因引造成的损失追究责任。

第十条　由于不可抗力，致使合同无法履行时，双方按有关法律规定及时协商处理。

第十一条　其他约定

无

第十二条　本合同执行过程中的未尽事宜，双方应本着实事求是友好协商的态度加以解决。双方协商一致的，签订补充协议。补充协议与本合同具有同等效力。

第十三条　因合同执行过程中双方发生纠纷，可由双方协商解决或由双方主管部门调解，若达不成协议，双方同意就本合同产生的纠纷向仲裁委员会申请仲裁（当事人双方不在合同中约定仲裁机构的，事后又没有达成书面协议的，可向有管辖权的人民法院起诉）。

第十四条　附则

1. 本合同由双方代表签字，加盖双方公章或合同专用章即生效。全部成果交接完毕和测绘工程费结算完成后，本合同终止。

2. 本合同一式伍份，甲方执叁份、乙方执贰份。

委托方	单位地址：×××	承揽方	单位地址：×××
	邮政编码：×××		邮政编码：×××
	电　　话：×××		电　　话：×××
	开户银行：×××		开户银行：×××
	银行账号：×××		银行账号：×××

委托方（盖章）：×××县×××镇人民政府　　　承揽方（盖章）：×××测绘有限公司

法定代表人：　　　　　　　　　　　　　　　法定代表人：
（或委托代理人）（签字）：　　　　　　　　（或委托代理人）（签字）：
合同订立时间：　　　　　　　　　　　　　　2011 年 8 月 25 日

5.1.3　项目技术设计

下面是一份典型的项目技术设计书，以供参考。

×××县×××镇规划区
1∶1000 数字地形图测绘技术设计书

1. 项目概述

1.1　任务来源

根据×××县委、×××县政府关于《加快推进×××县×××镇次中心城市建设的决定》，为满足×××县×××镇次中心城市规划建设的需要，×××县×××镇人民政府通过公开招标方式，选定×××测绘有限公司承担×××镇规划区 12.5 平方公里 1∶1000 数字地形图测绘工作。

1.2　测区概况

×××镇位于××省××市×××县西南部，距县城 57 公里，南与广东××县接壤。横贯公路、三坑公路、黄线公路贯穿整个×××镇境内，大广高速还在筹划修建中外，整个×××镇已经实现了"村村通公路"，交通便利。境内丘陵、山地交错。沿太平江及其支流两岸为河谷平地。地势西南高、东北低，山地占面积的 77.5%，尤其为低丘及河谷平地。最高处为仙人嶂，海拔 1036 米；最低处为车田村，海拔 310 米。境内气候温和，四季分明。年均气温 18.5℃，年极端低温−5.30℃，年极端高温为 37℃。日照时间长，雨量充沛，常年温暖湿润。

测区地理位置位于东经 114°35′35″~114°38′23″、北纬 24°36′57″~24°39′21″。作业区位于×××县×××镇西侧，地理位置优越，水陆交通便利，测区北至夹湖乡，南至九连山，面积为 12.5 平方公里。测区内地形丰富，村庄、山丘、植被、河流交相错落，村庄区房屋密集，位置零乱，给控制布网及施测带来较大的困难。

2. 已有资料

2.1 控制点成果

测区周边有三个 GPS C 级控制点，且保存完成，可作为测区控制起算数据。

控制点成果

点名	等级	纵坐标 X（m）	横坐标 Y（m）	高程 H（m）	备注
龙南	GPS-C	××××××.×××	580421.371	206.620	水准高程
东江	GPS-C	××××××.×××	581345.092	213.915	水准高程
临塘	GPS-C	××××××.×××	580829.990	253.948	拟合高程

注：1980 西安坐标系，1985 高程基准，3 度投影带。

2.2 地形图资料

测区 1：1 万地形图。

3. 作业依据

（1）《全球定位系统（GPS）测量规范》（GB/T18314—2009）；

（2）《卫星定位城市测量技术规范》（CJJ/T73—2010）；

（3）《全球定位系统实时动态测量（RTK）技术规范》（CH/T2009—2010）；

（4）《国家三、四等水准测量规范》（GB12898—2009）；

（5）《1：500，1：1000，1：2000 地形图图式》（GB/T20257.1—2007）；

（6）《1：500、1：1000、1：2000 外业数字测图技术规程》（GB/T14912—2005）；

（7）《城市测量规范》（CJJ/T8—2011）；

（8）《测绘技术设计规定》（CH/T1004—2005）；

（9）《测绘技术总结编写规定》（CH/J1001—2005）；

（10）《数字测绘产品质量要求》（GB/T17941.1—2000）。

（11）本技术设计书。

4. 技术指标

4.1 坐标系统

4.1.1 平面坐标系

本项目测区地理位置位于东经 114°35′35″~114°38′23″′，该区域在 114° 中央子午线，统一 3′分带的长度投影变形为 4~7cm，为了减小长度投影变形的影响，采用高程抵偿方法来减小长度投影变形的影响。

测区采用 1980 西安坐标系，高斯-克吕格投影，中央子午线 114°，在测区平均高程 300m 抵偿高程面上的高斯正形投影 3° 带平面直角坐标系。

4.1.2 高程系

采用 1985 国家高程基准。

4.2 成图比例尺

采用 1：1000 成图比例尺，基本等高距为 1m。

4.3　成图规格及数据格式

（1）数据格式：统一为 Autocad 2000 下的 *.dwg 文件格式；

（2）成图规格：按 50cm×50cm 正方形分幅；

（3）图幅编号：按标准分幅规则编号，即以图幅西南角坐标数字（用阿拉伯数字，以 km 为单位）作为其图号，图号具体表示为 X 坐标在前，Y 坐标在后，中间以"—"隔开，各取小数点后 1 位。

4.4　精度要求

4.4.1　地形图平面精度要求

地物点相对于邻近图根点的点位中误差以及与邻近地物点中误差，应满足二类界址点测定精度要求（见下表）。

地物点点位中误差与间距中误差（cm）

地物点对邻近图根点点位中误差	地物点间距中误差	地物点与邻近地物点间距中误差
≤±10	≤±10	≤±10

4.4.2　地形图高程精度要求

地形图高程精度以等高线插求点的高程中误差来衡量，等高线插求点相对于邻近图根点高程中误差，应符合下表的规定。

等高线插求点的高程中误差

地 形 类 别	平 地	丘 陵 地	山 地	高 山 地
高程中误差（等高线）	1/3	1/2	≤2/3	≤1

4.5　图上高程点取位

图上高程点取位至 0.1m。

5.　首级控制测量

由于篇幅所限，同时考虑本书主要针对数字测图教学，本节内容只列提纲，不做具体表述。

5.1　首级控制测量的内容与基本要求

5.2　D 级 GPS 控制测量

5.2.1　D 级 GPS 控制网设计

5.2.2　D 级 GPS 控制网选点

5.2.3　D 级 GPS 控制网观测

5.2.4　D 级 GPS 控制网计算

5.3　E 级 GPS 控制测量

5.3.1　E 级 GPS 控制网设计

5.3.2　E 级 GPS 控制网选点

5.3.3　E级GPS控制网观测

5.3.4　E级GPS控制网计算

5.4　高程控制测量

6.　图根控制测量

6.1　图根控制测量的方法与基本要求

图根控制采用GPS RTK的形式布设，直接测定三维坐标。

图根点相对于图根起算点位中误差不得大于0.05m，高程中误差不得大于0.1m。

6.2　图根控制点布设

图根导线布设在D、E级GPS点的基础上加密，布网密度要满足《规范》第8.2.1条的需要，并在控制测量阶段一次完成，确保地物点整体数学精度。

为了方便测图和检核，图根控制点必须满足两个点以上通视。

6.3　图根点选点、埋石、编号

（1）图根点位于沙、土质地上的普通图根点，须打入木桩，木桩顶面规格不小于3cm×3cm，其中间钉入铁钉作为中心标志；木桩长度视实际情况而定，以保持稳固为原则。位于水泥地、沥青地的普通图根点，在其中心标志位打入水泥钉，并以红漆绘出方框及点号。

（2）图根埋石点标石规格（见下图）。

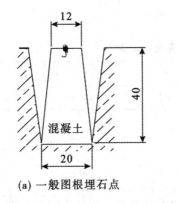

(a) 一般图根埋石点　　　　　　(b) 房顶图根埋石点

图根埋石点标石规格

（3）图根埋石点密度以基本图幅为单位，1∶1000数字测图每幅应不少于1个，包含高等级GPS点，小于二分之一的图幅可不埋石，应注意均匀分布，并保持两个以上方向通视。

（4）测区图根点号：普通图根点号冠以英文字母"T"加流水号编号，如T01，T02，…，Tnn。图根埋石点号冠以英文字母"N"加流水号编号，如N01，N02，…，Nnn。

6.4　图根控制GPS RTK测量

差分GPS（DGPS）是最近几年发展起来的一种新的测量方法。实时动态（Real Time Kinematic，RTK）测量技术，也称载波相位差分技术，是以载波相位观测量为根据的实时差分 GPS 测量技术，它是 GPS 测量技术发展中的一个新突破，随着 GPS 全球定位系统技术的发展，GPS RTK 测量得到了广泛应用，非建成区可以采用 GPS RTK 的形式布设图根控制，直接测定三维坐标，GPS RTK 高程经大地水准面精化作为最终成果，直接用于测图。但由于现行的测绘规范、规程未对 GPS RTK 应用做出相应规定，为了保证该测区 GPS RTK 图根控制点的测量精度，现就 GPS RTK 图根控制点的测量技术要求规定如下：

（1）基准站的安置应满足的条件：

①基准站应有正确的坐标（含 1980 西安坐标和 WGS-84 坐标）。

②基准站应选在地势较高、交通方便、天空较为开阔、周围无高度角超过 10°的障碍物、有利于卫星信号的接收和数据链发射的位置。

③为防止数据链丢失以及多路经效应的影响，周围无 GPS 信号反射物（大面积水域，大型建筑物等），无高压线、电视台、无线电发射站、微波站等干扰源。

（2）流动站距基准站的距离不得超过 3km。流动站应使用三脚架，在对中、整平、开机后 30 秒开始观测，获得固定解的时间不得超过 30 秒，观测两次，间隔不小于 30 秒，双观测值的点位坐标差≤±5.0cm，取中数作为最终成果。

（3）观测待定点之前，设置机内精度。机内精度指标预设为点位中误差±3.0cm，高程中误差±3.0cm，观测时，注意点位几何图形强度因子 PDOP 应不大于 6。

（4）对测区内已有高等级控制点、其他 GPS RTK 控制点应进行联测进行比对。

7. 1:1000 数字地形图测绘

7.1 1:1000 外业数据采集基本要求

本区测图比例尺为 1:1000，作业前，各作业员应对相应的规范、规程、及设计书认真加以学习，细心领会，以保证工作的顺利开展和较高的成图质量。

（1）外业数据采集各小组以划定的片区为单位进行地物、地形要素全野外数字采集，所有地物点、地形点均需实测坐标、高程。

（2）测站点应以控制点为基础，作业过程中，仪器应认真对中、整平。在每一测站工作，自始至终加强测站起算数据（核对测站坐标、高程、定向点坐标）的检查，并检核两点实测距离与计算距离是否一致。采集方式采用有码操作。

（3）地形、地物要素点的测量，边长以全站仪单程测定，水平角、垂直角测半测回。最大视距不宜大于 80m，无棱镜仪器最大视距不得大于 50m。

（4）要素点棱镜位置的安放，应保证与图式符号的定位点或定位线严格一致。为了减少棱镜常数对细部点的误差影响，应根据棱镜规格的不同，在全站仪加常数设置中考虑加入棱镜改正常数。当棱镜无法摆到点位（凹角）的情况下，要量测棱镜后侧至点位距离，此时，水平方向要严格照准点位（凹角线），距离改正数要记载在观测手簿中，并在草图上加上标记，以便图形编辑时予以纠正。为保证精度，应采用特制小棱镜或无棱镜仪器进行。

7.2 1:1000 外业数据采集内容及表示方法

7.2.1 控制点

地形图上应表示所有首级控制点和图根控制点，各等级控制点在图上的表示，按《图式》符号执行。

7.2.2 居民地和垣栅

(1) 居民地是外业测绘的主要地物要素，要求准确反映实地各个房屋的外围轮廓和建筑特征，应逐个表示，一般不得综合，且特别注意庙宇、祠堂（祖厝）、土地庙等的表示，有名称的应注记名称，村委会位置更应突出注记。

(2) 房屋测量以墙体角点为准，房屋角点是指房屋勒角以上墙体（或墩、柱）的角点，房屋、围墙等转角有突出墩（柱）的，墩（柱）的角点和房屋墙体应依实测绘（见下图中的图（a））；成排突出墙体的墩（柱），两端墩（柱）和墙体依实测绘，中间墩（柱）可略（见下图中的图（b））；有柱走廊两端的柱依实测绘，中间各柱宽度大于0.5m 的依实测绘，小于0.5m 的以柱外侧中点测定，并以"侧面的中点定位不依比例柱"表示（见下图中的图（c））。

图(a)　　　　　　　　图(b)　　　　　　　　图(c)

房屋墙体测量

(3) 祠堂及老区的房屋以及破坏房屋均应认真调绘，不能随意合并；祠堂及老区四合的房屋一般由一个主房、两个副房、一个门房组成，均应分开单独表示，天井周围的柱廊、檐廊及门房外的门廊要实测分出，不能合入房屋主体；实地面积小于6m² 以下的天井、庭院可进行综合表示（见下图）。

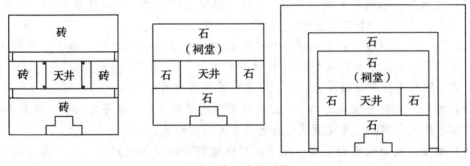

祠堂及老区房屋测量

(4) 底层架空房屋以上层外围轮廓投影为准，四角及转角支柱依比例测绘，支柱以虚线表示。

(5) 房屋相邻有伸缩缝时，不论其相邻间距大小，都应如实表示。

(6) 被悬空建筑物覆盖的地物，除消防栓外，一律不表示，因装饰而突出的建筑物不表示。

(7) 底层已成形的建筑中房屋，要求准确测绘表示。按建筑中房屋编码给定，加注"建"字；仅有基础者，按地基外围测绘其形状大小，按建筑中房屋给定编码，但其中加

154

注"基"字。若外形已确定，并能调注材料、层数者，则按建成房屋相应编码给定。

（8）临时性房屋、活动房屋及正在拆迁的房屋不表示。已拆除或正在拆除的房屋绘制地类界边线，注记"施工区"。街道两侧不正规的石棉瓦小雨棚、临时建筑物、售货亭等不表示。街道两侧、村庄内部实地面积小于 $6m^2$ 的简易房、棚房（包括厕所及牲口房）不表示。

（9）机关、企事业单位内正规的停车棚实地面积大于 $6m^2$ 的，应用棚房符号表示。

（10）阳台、吊楼不予区分，统一以外虚线表示。悬空阳台与围墙和房边线重叠或交叉时，分别表示。落地阳台两端的耳墙采用围墙符号表示，阳台线应绘制完整。

（11）阳台以下完全遮盖的简易房和棚房可舍去不表示；阳台与简易房和棚房交叉时，分别表示；阳台与简易房和棚房重叠时，房屋边线可舍去不表示。

（12）多层住宅的单个悬空阳台可不表示。

（13）门廊以柱或围护结构外围为准，独立门廊以顶盖投影为准，柱石的位置应实测。檐廊、挑廊、门廊等加注记简称"檐"、"挑"、"斗"等字样。

（14）柱廊以柱外围为准，图上表示四角和转折处位置。依比例表示的门墩，其外形应如实表示，当转角缺角尺寸小于 0.1m 时可不表示出来。

（15）一层房屋的挑檐、雨罩宽度小于 1.2m 时可不表示，大于 1.2m 时应予以表示。一层平顶房的挑檐随着以后层次增高有可能成为阳台的应表示。

（16）雨罩下有台阶的只表示台阶符号（台阶原则上表示图上 3 阶以上的或实地长度纵向在 1.5m 以上的）。

（17）室外楼梯、台阶及阶梯路应注意休息平台的表示。悬空楼梯必须表示。

（18）宽度小于 1m 的门顶不表示。

（19）店面上方装饰性的门面、雨遮等不表示。

（20）所有围墙宽度均按依比例测绘，栏杆式围墙（如下图）无论底座高低，均以围墙表示，根据底座宽度确定围墙宽度，有柱无底座的，根据柱的宽度确定围墙宽度。

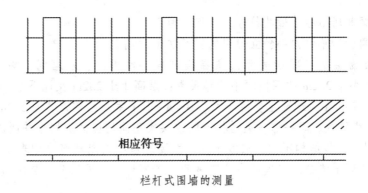

相应符号

栏杆式围墙的测量

（21）加固坎上建有栏杆且无法按真实位置表示时，坎顶线与栏杆线可共线表示，即表示为栏杆坎。栏杆符号上的短线可向里绘制。数字化时，分别在不同层表示。同理，河岸、路边线与坎顶线也不能共线表示，必须在不同层上分别表示。

（22）平房、简房、棚房依围墙搭建的，围墙应绘制完整。

（23）房前屋后的埋地应注意测绘表示，埋地外围以地基为界的应准确测定，按点线标示其范围（编码借用地类界），其间加注"埋"字。

（24）居民地内实地面积大于25m²的水泥地应表示，并注记"水泥"；单位及院落不需要加注"水泥"或者"地砖"表示，以绿地自然分割；铺装地面应注记材质，水泥预制砖地面注记"地砖"，石或大理石地面注记"大理石"，地面上砖孔内植有草皮的孔砖注记为"植草砖"，其他注记"水泥"、"沥"、"塑胶"等类同。

（25）有围墙的正规的垃圾台应表示。

（26）建筑正规的粪池、肥气池应依比例尺表示。

（27）位于楼顶的高大发射接收天线及微波塔应表示，依实际位置配置相应的符号表示。

（28）房屋的材质应注意调注记表示，分别用"钢"、"砼"、"混"、"砖"、"木"、"土"、"石"、"简"等表示。

钢：钢筋支架作为承重有墙体的房屋均注记"钢"，主要是指大型车间。

砼：钢筋混凝土框架结构的均注记"砼"，主要是指学校、大型车间、高楼大厦及7层以上（含7层）的楼房。

混：凡是平顶房能够住人的均注记"混"，主要是指砖混结构的；不能住人的注记"砖"或者"简"。

砖：砖墙瓦顶房能够住人的均注记"砖"，主要是指砖瓦结构。

木：以木头支架作为承重瓦顶房能够住人的均注记"木"，包括土木结构。

土：以土墙作为承重瓦顶房能够住人的均注记"土"，主要是指土结构。

石：全部或主要用石头砌的墙体瓦顶房能够住人的均注记"石"，主要是指石料结构。

简：简易搭盖、石棉瓦顶或铁皮顶的一般不能够住人的均注记"简"，厂房应加注"车间"二字。

牲：大型饲养场用独立地物符号，注记"牲"。

厕：公共厕所和单位内部独立使用的厕所注记"厕"。

（29）建筑物层次应准确表示，顶层楼梯间、电梯间、水箱间、临时性搭盖、假（夹）层、层高小于2.2m的阁楼均不计算层数；层高小于2.2m及地下室、半地下室的按A（B）表示（其中A为地面上实际层数，B＝A＋地下室层数或层高≤2.2m）；层高大于2.2m的阁楼计算层数。同一栋房屋结构不同或层次不同均应区别划分并调注。

（30）原则上，按结构不同、层数不同，主要房屋和附属建筑分割表示。对于建成区老居民地，在地面上能分清层次的应分割表示，若实地确实无法分清层次的，则以最高层次计算。

（31）有些楼房上部的前后部分层次不一致，当前面部分（或后面部分）的长度均大于3m时，应分别注记层次，若其中有小于3m的，则可合并到主楼。

（32）企事业单位内的房屋应加括号注记房屋用途，如"车间"、"仓库"、"礼堂"、"餐厅"等。但"办公楼"可不注记。

（33）企事业单位及小区内部的房屋幢号应加括号注记于房屋的左下角。

7.2.3　工矿建筑物及其他设施

（1）独立地物是定位的主要依据，依比例表示的要采集底部外轮廓，中间填绘符号，如水塔、假山、纪念碑、塑像、宝塔、微波传递塔、烟囱、喷水池、液体和气体储存设备、旗杆、公用水龙头及公共垃圾箱等；不能依比例尺表示的，应准确采集其定位点和定位线，地物中心点与符号定位点在图上必须一致。简易的铁筒式烟囱不采集。

（2）室外固定的工业生产设备和工业厂房基础上的露天设备，按实际位置采集，楼顶上的露天设备不采集。

（3）固定的宣传橱窗与大型宣传、广告牌用《图式》5.4.3表示，注意此符号按真方向表示。单位的大型名称标牌和柱式独立大型广告牌应实测表示，街道两侧长度小于2.5m的宣传、广告牌不表示。

（4）城区主要道路、广场、桥梁、企事业单位、小区内部道路的路灯应统一按图式符号表示；道路、广场、桥梁等突出的杆柱装饰性路灯要表示，其他地区，如小区内部，选择杆柱高于地面的1.5m以上的表示；高大建筑物及广场的亮化照射灯采用照射灯表示。

（5）永久性的公共汽车站、岗亭依比例表示，邮筒、果皮箱、无人值守的公用电话亭不表示。

（6）区级以上保护文物要注记文物名称，挂牌名木古树应表示。

（7）单位内或空地处长期堆放货物的应用地类界绘制边线，加性质说明注记，如："煤场"、"沙场"、"堆土区"、"预制场"等；

（8）加油站的房屋应根据实际用棚房或用柱廊符号表示，并配置相应的符号和名称注记，同时应注意储油库的表示。

（9）道路、街道两侧及单位内部和居民地内外等处的消防栓应逐个表示。

（10）道路两侧的水龙头及小区内部（含厂矿、机关、学校等内部）具有公共意义的水龙头连同基座和水池以地类界圈出范围，内绘水龙头符号。各住户自行安装家庭用的水龙头不表示。

（11）正规体育场应表示，中间加注"体育场"；小型运动场在其范围内加注"运动场"；其他体育用地设施以及幼儿园内娱乐设施用地类界表示，加注"体"、"娱"等。

（12）露天采掘场范围应实测表示。

（13）简易、临时、低矮的温室、菜窖、花房可不表示。

（14）当抽水机站的房屋小于符号时，房屋不绘，只绘符号，其他类推。

（15）公墓或大面积的墓地用地类界表示范围，中间配置符号，不注坟数。独立坟、散坟应表示，有名称的墓地要加注名称。

7.2.4　交通及附属设施

（1）测区道路等级应正确区分，按城市主干道、次干道、一般道路区分表示。工矿、公园、机关、学校和居民小区等内部经过铺装的主要道路，按内部道路测绘表示。

（2）高速公路、国道、省道的边线采用各自的符号表示，等外公路一般以路面铺装宽度，并根据路的实际使用情况确定。一般路面铺装良好的，3～5m的按等外公路表示；

2~3m 的按大车路表示；1~2m 的按乡村路表示。

（3）高速公路周围的铁丝网、排水沟、路堤、栅栏、出入口、中间绿化岛应表示，要注意采集，收费站实测范围线，加注记表示；中间的双向隔离带（含快慢车的分隔带）不表示。

（4）等级公路应绘出铺面线、路基线。如路边有路沟、路堤等，则路基线一般不能省略。铺面线与路边线间距≤0.5mm 的，按 0.5mm 绘出；>0.5mm 的，按实际绘出。

（5）公路进入城区或通过街区式居民地，主要道路不宜中断，应按真实位置采集。主要街道以人行道外边线绘出，其他次要的、边线不是太明确的街巷，其边线可以用房屋边线、围墙边线等自然边线表示。

（6）城区道路应将车行道、过街天桥、过街地道出入口、环岛、街心花园、人行道及绿化带绘出，道路两侧和中间的分隔带不表示，只表示道路边线和中心线。

（7）公路平面相交时，铺面与路基线对应相接。等级公路与大车路、双线乡村路相交时，等级公路铺面线不间断，相交接在等级公路的路基线上。对于立体相交的道路、桥梁（如高架桥、立交桥、过街天桥、过街地道等）上面可见的绘实线，下面不可见的绘虚线。两条平行道路中间存在的陡坎或斜坡应表示。

（8）城市道路为立体交叉或高架道路时，应实测桥位、匝道与绿地及桥墩与立柱。高架桥有名称的应调注，但不需要注记铺面材质。

（9）公路、大车路、乡村路通过依比例尺的大堤时，当堤顶图上宽度大于 2mm 时，堤边线与道路符号同时绘出；当小于 2mm、大于 1mm 时，堤上道路符号省略不绘。

（10）乡村道路的图上宽度大于 1mm，用依比例尺双线表示。构成路网的小路应表示，其他居民地内的小路一般不表示。乡村道路宽度变化不大时，内业编辑时应尽量考虑双线路路边线互相平行，必要时可采用平行拷贝。

（11）内部路人行道应采用相应的符号表示，无需注记铺面材质。

（12）大型停车场用地类界表示，加注"停车场"。

（13）各等级公路应在图上每隔 15~20cm 注记铺面材质及路线编号，如：（G205）、（S326），不注记技术等级代码。铺面材质分别为砼、水泥、沥青等。内部道路不需要注记铺面材质。

（14）公路附属建筑物，如桥梁、涵洞、路堤、路堑、里程碑、路标等，应以相应的符号表示。

（15）公路桥应按规定表示，并注记桥名和建材名称（如"钢"、"砼"、"石"等）。跨河桥梁实测桥头、桥身、桥墩和桥上的人行道。

（16）路堑、路堤按实地宽度绘出边界，并在坡顶、坡脚及起闭点上、下测注高程。

（17）永久性的公交站应用棚房符号表示，临时性（只有一个杆位指示牌）的公交站、摄像头、红绿信号灯不表示。

（18）道路在图上每隔 5~10cm 左右选注一个高程点，一般应测注在道路中及道路交叉处。等级公路的车行桥顶部应测注高程注记点。

7.2.5　管线及附属设施

（1）永久性的电力线、主干电信线（电话线、广播线、有线电视线、网络通信线等）

均应准确表示，塔位和杆位应精确测绘，并测注电杆位置高程。

（2）各种线路的性质应准确区分，按相应符号表示，凡额定电压在 380V 以上（含 380V）为高压，电压在 380V 以下为低压，其表示应做到线类分明、走向连贯。低压电力线、通信线进入居民地的支线测绘至最后一个杆位，并且按实际走向标示入户方向，但不标示入户回线方向。

（3）自然村中孤立的电线杆不表示；木头、竹竿等临时性电杆不表示；废弃的和无线相连的裸杆（电线塔除外）不表示；拉线杆不表示。

（4）电力线、通信线杆架符号绘完整，走向必须准确。多种线路共杆时，只表示高级线路的符号。通信线在空中相交、分岔应调绘在图上，注意邻近杆方向与相应的交叉线相接。图幅接边处应按实际走向标示方向，尤其要注意图边无杆的架空线相接，不能丢漏。

（5）电线杆上的变压器、入地、变电室（所）按《图式》7.1.6~7.1.8 表示，通信线杆上的入地按《图式》7.2 d 表示，地下的不表示。

（6）各种线杆只表示箭头不连线，但应保留起骨架线。

（7）变电站（所）外围的电力线通至变电站围墙内终止，内部的电线杆及其他设施（如变压器等）可不表示。杆上的变压器依图式符号表示，地面上的变压器用不依比例尺的变电室符号表示。变电站（所）应调注名称。

（8）电缆标、光缆标应实测表示，走向有规律的需要连线，否则不需要连线。过河线缆要表示，并加注记。

（9）地面上的管道用相应符号表示，架空管道的支柱或墩密集时，可以取舍，跨越建筑物或转折处的支柱必须准确表示。多根管道并列时，只表示主要管道，不注记管数，注记主要管道的性质。围墙上的管道可省略不绘。

（10）地下管线的检修井只表示城区主要道路上的上水、下水检修井和电信、电力检修井，不明用途的一般不表示。企事业单位、学校及居住小区内的选择表示。当检修井密度过大、在图面上出现符号互相压盖时，可有选择地表示。

（11）主要道路上成排的污水篦子一般应表示，零散、不规则的可舍去不表示。

（12）城区道路旁的地下电力沟、电缆沟以及道路两侧有盖板的排污沟，长度在 100m 以下的不表示，宽度在 0.5m 以下的用单虚线表示，宽度在 0.5m 以上的用双虚线表示，皆加注"电"、"污"。采用《图式》7.3.3 符号表示。

7.2.6 水系及附属设施

（1）河流、溪流、湖泊、水库、池塘等水涯线按测图时的水位测定，当岸边线与水涯线之间高差大于 0.5m，且水涯线与岸边线在图上的间隔大于 1mm 时，应加绘陡坎或斜坡。岸边是加固坎时，水涯线可不绘。

（2）河流、湖泊、水库应测注水位点高程。水库要测注坝顶高程，并注记建筑材料。

（3）合理采集水闸、滚水坝、拦水坝、防洪堤、防洪墙、输水槽、倒虹吸等水利设施。

（4）沟渠水涯线沿沟渠内侧上边缘绘出，图上宽大于 1mm 时用双线表示，小于 1mm 时用单线表示，均加绘流向，测注渠边和渠底高程。

（5）池塘只注"塘"。养殖塘面注记养殖品种，如"鱼"、"虾"等，水库、湖泊有名称的注记名称，无名称的不需注记，其他类推。

（6）湖泊、池塘中有水生经济作物的，应绘符号及注记名称；当符号与名称不能同时注下时，只绘相应的符号，不注名称。池塘内已绘水生作物符号的，则"塘"字不注。

（7）河流与湖泊及其中包含的桥、闸、码头等，除准确表示其实际位置外，当有名称时应调注。调绘主要河流大型水闸时，要注建材性质，不注闸门孔数。

（8）河流两侧具有防洪作用的大堤要准确表示，并每隔2.5cm左右测注一处高程注记点。

（9）城区内外的正规公用水井，图上应表示，并适当测注井台高程和量测水面至井台的高度。

7.2.7 地貌和土质

（1）地貌以等高线配合地貌符号表示，街区、居民地内不绘等高线。平坦地区的地貌及人工修建的地貌用高程注记点表示，有明显起伏的旱地、土垅等应测绘等高线，计曲线的数字注记字头需指向高处，示坡线指向低处。图面上除地物点高程外，不允许有点线矛盾。

（2）高程点是本地形图的重要内容之一，外业应详细测绘，居民地内部应有足够的高程注记点，重要建筑物至少应测定一个有效高程。

（3）对丘陵、山地，一般应准确测注地形特征点，如山顶、鞍部、山脊、谷底、沟口、池塘、海岸线、水涯线、道路交叉口、地类界之转折点以及其他地面倾斜变换点，所有微型地貌均应详尽测绘，并绘制相应外业草图，外业采集过程中仪器高、觇标高输入一定要保证准确。

（4）各街坊数据采集完成后，作业组应根据软件功能生成样条三角网，并进行自检高程点采集的正确性，发现异常时，应进行外业检查该部分地形的高程，不允许室内随意修改。因地物测绘需要采集的无效高程点，在地物绘制完整后应删除。

（5）为保证图面清晰，图上高程点的注记间隔为2.5cm左右，均匀分布，保证每方格的高程注记点的密度为10~15个，居民地密集区为图上每方格5~10个。应首选独立地物、地形、地物特征点，较大的厂房、车间及其他重要建筑物至少应测注一个台面高程。

（6）垃圾场、采沙（石）场、乱掘地、施工区等用地类界绘制范围线，内注相关性质名称，不绘等高线。

（7）路堤、路堑、陡坎、斜坡、陡岸和梯田坎等，当图上长度大于10mm或比高大于一倍等高距时必须表示。

（8）斜坡、陡坎应区分未加固和加固两种，陡坎是形成70°以上陡峻地段。70°以下用斜坡表示，斜坡符号长线一般绘至坡脚，斜坡在图上投影宽度小于2mm时，以陡坎符号表示。

（9）土堆、坑穴、陡坎、斜坡、梯田坎等起闭点和转折处均应测绘（坡）坎上下高程，坎（坡）的其他部分图上间隔1.5cm也应测绘坎（坡）上下的高程，不采用注记比高的方式表示相对高差。

（10）准确采集菜地、水稻田、旱地之间的田埂，无田埂的用地类界绘出范围。田埂在图上宽度大于 1mm 时以双线表示，小于 1mm 时以单线表示。

（11）当田块高差大于 0.5m 时用坎线表示，当坎线密集时可取舍，取舍以图上间隔一般在 1.5cm 左右为宜。果园台面高差大于 1.0m 时用坎线表示，当坎线密集时可取舍，取舍以图上间隔一般在 3cm 左右为宜。

（12）耕地田面应测注高程，当田块过小以至每平方分米的高程点超过 20 个点时，可以取舍注记。

7.2.8　植被

（1）沿堤、道路等线状地物两侧具有护路、护堤等作用的行树要表示，起止位置要准确。符号间距可视图上情况适当放大。

（2）农村古树名木按独立树表示，并注记树种。风水林应表示。

（3）城区、村庄内及附近的零星散树应表示，城区、村庄以外的散树可不表示，但有较高价值的树木应表示。

（4）花坛面积大于 6m^2 的要表示，若外围砌成高度大于 0.2m、小于 0.5m 的围坎时，以"花圃范围线〈实线〉"符号表示；围坎大于 0.5m 时，以"花圃范围线〈加固坎线〉"符号表示；其他以"花圃范围线〈地类界线〉"符号表示；三者地物编码应相同。单位内部及居民地内部可放宽表示。

（5）活树篱笆长度大于 10m 时，应采用相应的符号表示。

（6）居民地内临时种植的菜地不表示，但正规的菜地应表示。

（7）地类界与地面上有实物的线状符号（如道路、陡坎等）重合，或接近平行且间隔小于图上 2mm 时，地类界省略不绘，当与境界、管线符号重合时，地类界符号移位 0.2mm 表示。

（8）花圃不管是花还是草，只要人工种植和培育的均按花圃符号表示，遇到较大面积的人工草坪则加注"草坪"；没有人工培育接近荒草地的一般草地按草地表示。

（9）同一地块内套种或混合生长的园林地，可单选或复选两种其中主要的品种调注，各种植被应准确调注植被名称。

（10）灌木、芦苇地、杂草地应准确区分，按相应的符号表示。

（11）灌木林、灌木丛、竹林、狭长竹林及独立竹丛应准确区分，按相应的符号表示。

（12）幼林采用未成林符号表示。

（13）图上面积大于 25cm^2 以上的林地需要注记树名及平均树高（注记至整米）。

8.　地形图编辑

1：1000 比例尺数字地形图内业成图，采用南方 CASS9.0 数字成图系统，编辑工作按外业采集数据转换成进入测图系统，再依据外业草图和地形要素逐层进行编辑，编辑工作完成后，应输出块图，并经赴实地核实进行纠错、修改后编辑成图块，再进行各作业组间的图块经拼接，最后切分成分幅图和生成分幅图形文件（＊.dwg）。

8.1　最终成图数据分层及颜色规定

图层设置、文件格式按南方 CASS9.0 成图系统软件功能生成。

8.2　地形图各要素配合及属性编辑

（1）地形图各要素之间要配合恰当，线状要素遇注记、地物及高程注记等应间断或衔接。图上等高线与各类地物要素相交、叠加时应断开，等高线遇植被符号时不断开（应尽量错开）。

（2）数字编辑成图的图形符号应符合《图式》规定要求，同时应注意各地物之间的相应关系，使图面完全合理。

（3）数据编辑时，对各图形的编辑应充分利用作图辅助工具及目标捕捉方式等功能进行作业。图内各种线划和符号应准确、统一，图面清晰，线条光滑；房角线垂直方正；线与线接头尽量封闭，无出头、断头或不到边的情况。保证图面、层码、高程值一致，且图上各种符号间最小间隔为0.2mm。

（4）在注记时，注记位置应选取恰当，文字、数字注记无误，应注意注记压盖问题，以免影响图面的清晰度。

（5）图内各种比高注记大于1m的要表示，反之则不表示。当比高小于3m时，比高注至0.1m；当比高大于3m时，按整米注记。

（6）数字地形图上的所有数据均须赋高程值。等高线厚度要置零。

（7）图幅数据接边图幅数据必须沿接边线的结点编辑，进行严格接边，保证图面层码、高程值一致。

8.3　地形图注记

（1）地形图注记主要包括地理名称标注、说明注记和数字注记。

（2）图内各种注记的规格、字体、字列、方向、字距均以《图式》符号12.1～12.5执行，不得互相压盖，要保证各种符号的完整性，一个注记必须是一个完整的字段，不能随意拆散。

（3）居民地名称注记要区分清楚，行政村与自然村同名时，将自然村删除；不同名称时，自然村字大为1.875mm，加括号注记在行政村的后面，例如大梅溪（小尾）。

（4）主要街、巷、路名应调注，门牌可不调注。当居民地较大或跨图幅时可分别注记。

（5）街道名称注记方向。当街道方向与南图廓线交角大于45°时，注记字向与街道方向平行；交角小于45°时，注记字向与街道方向垂直。

（6）单位名称的调注：原则上以权属单位的标准名称调注，不可采用租借单位的名称。当用地面积小注记容纳不下时可不调注。当名称过长，完整表示影响到1∶500比例尺图面质量时，在保留关键字的情况下，可适当缩略表示，如××市×××股份有限公司，可缩略为×××公司；××市×××街道办事处，可缩略为×××街道办，等等。但应防止重名。

（7）较大工厂内的主要车间（在保持图面清晰可读的前提下）可调注名称。

（8）小区、厂区、单位院内凡有确定的房屋幢号，均应调注。幢号注在该幢房屋轮廓线内左下角。

（9）各类字体注记规定

①控制点、高程点：按南方成图软件系统规定字高。

②××镇人民政府（等线体4mm），企事业单位、工矿单位：HZ细等4mm，行政村：宋体4mm，自然村：HZ细等4mm。

③高速铁路、高速公路、G324：等线体4mm，街、道、巷、弄名称：HZ细等4mm。

④大的河流：左斜宋5mm，其他河流：左斜宋4mm。

⑤其他文字说明：HZ细等3mm。

8.4 图廓整饰

图名：×××县×××镇规划区地形图

测绘单位：×××测绘有限公司

图外左下角注记：2011年10月数字成图

1980西安坐标系

1985国家高程基准，等高距0.5m

2007年版《图式》：

图外右下角注记：测量员：×××

绘图员：×××

检查员：×××

图外南面中间注记：1∶1000

9. 资料整理

（1）外业工作结束时，各项工作均应开展自查互校，填写整理规定的有关表格。

（2）资料按科目分别整理，各类观测手簿、计算手簿、控制点成果按顺序分别整理。

（3）所有的资料不得使用圆珠笔填写和热敏打印机打印。

（4）绘制测区所有控制点展点、联测图。控制点展点、联测图导线等级表示要分明，对埋石点按相应的符号表示，展点、联测图的比例尺依测区的大小而定，图左下角要有图例说明和比例尺。

（5）项目完成后应以1∶1万地形图为基础，制作成图幅接合图。

（6）项目完成后应认真编写项目技术总结。

10. 质量控制

质量检查严格执行两级检查、一级验收制度。一级检查由公司专职检查组执行，二级检查由公司项目管理中心执行，二级检查要出具检查报告。验收由省测绘产品质量监督检验站组织实施。

项目成果检查坚持专职质检检查与作业员自检互检相结合。各级检查工作应独立进行，不得省略或替代，作业组对完成的产品必须做到自查互检。

一级检查由公司专职质检在作业组自检与互检基础上进行检查；二级检查由公司项目管理中心负责，项目管理中心对一级检查程序进行监控和对项目成果进行抽查。一、二级检查过程所以记录要保存完整。

（1）一级检查要求。一级检查对批成果中的单位成果进行全数检查，不做单位成果质量评定，检查以图幅为单位。一级检查对批成果进行100%内业检查，外业巡视检查为批成果的30%。一级检查应有"质量检查记录表"详细记录，检查发现的问题应要求作业组及时整改。

（2）二级检查要求。二级检查对批成果中的单位成果进行全数检查，并逐幅评定单位成果质量，由总院项目中心组织检查，检查以图幅为单位。二级检查按批成果图幅数的5%~10%进行外业巡视检查，按批成果图幅数的3%~5%进行数学精度检测，并对成果进行评价，对检查发现不合格的批成果，应及时退回生产部门整改，整改后再次提交检查，直到数据质量符合要求，二级检查应有【质量检查记录表】详细记录。将检查过程记录图件与表格装订成册，并对质量结果进行统计，编制精度统计表，形成检查报告。

二级检查比例要求

工序 检查	内业检查	外业检查	
		实地巡视	精度检测
二级检查	50%	5%~10%	3%~5%

（3）高程精度检测、平面位置精度检测及相对位置精度检测时，检测点（边）应分布均匀、位置明显。高程精度检测、平面位置精度检测及相对位置精度检测，检测点（边）数量视地物复杂程度等具体情况确定，抽取的样本里，每幅图一般各选取20~50个。

（4）在允许中误差2倍以内（含2倍）的误差值均应参与数学精度统计，超过允许中误差2倍的误差视为粗差。粗差大于总检测点数的5%，该批次成果质量为不合格。

（5）检测点（边）数量少于20个时，以误差的算术平均值代替中误差；大于20个时，按中误差统计。

（6）同精度检测时，中误差计算公式：

$$M = \pm \sqrt{\frac{\sum_{i=1}^{n} \Delta_i^2}{2n}}$$ （M 为成果中误差、Δ 为较差、n 为检测点（边）总数）

11. 上交成果资料

（1）原始观测记录手簿、仪器检验资料、各种计算资料1份；

（2）D、E级GPS、图根埋石点的展点图和图幅接合图3份；

（3）D、E级GPS网图3份；

（4）控制点成果表3份（包括GPS点、埋石图根点、一般图根点成果表）；

（5）1:1000比例尺地形图成果数据（DWG格式）光盘3套；

（6）技术设计书、技术总结各3份；

（7）验收报告3份；

（8）含以上文档内容的数据光盘3份。

5.1.4 项目组织实施

1. 项目组织

（1）本项目为公司项目管理工程，按照公司项目管理规定，成立项目领导小组和项目管理部，项目管理部全面负责项目生产实施、进度安排及监督、质量控制。项目管理部设项目负责人、技术负责人、质检组，项目负责人负责项目生产、工期和质量，技术负责人负责技术设计和质量控制，质检组负责生产过程质量监控和项目成果质量检验。

（2）项目组织框架，如图5.1所示。

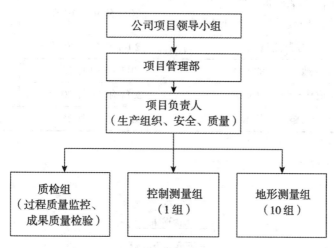

图5.1　项目组织框架图

项目领导小组组长：×××，副组长：×××。

项目管理部成员：×××、×××、×××、×××、×××。

（3）拟投入的技术人员。本项目拟投入高级工程师2人、工程师4人、安全员1人、技术员18人，共计25人。

2. 仪器设备

本项目拟投入的主要仪器设备见表5.1。

表5.1　　　　　　　　　　　拟投入的主要仪器设备

仪器设备名称	厂家型号规格	数　量	用　途
静态型 GPS 接收机	中海达 8200G	6台	控制测量
动态型 GPS 接收机	中海达 V9	6台	控制测量及地形测图
全　站　仪	拓普康 GTS-102N	8台	地形测图
全　站　仪	徕卡 TC-406	4台	地形测图
水　准　仪	威斯曼 AL-32	4台	水准测量
笔记本电脑	联想、华硕等	15台	数据处理及成图
车　　辆	江铃皮卡	2台	交通运输

3. 实施进度

项目从2011年9月3日开始，到2011年11月25日前结束。为保证本次项目能按时顺利完成，对项目实施作以下的计划安排，见表5.2。

表5.2　　　　　　　　　　　　项目实施进度

序号	实 施 内 容	计划完成时间	备注
1	前期准备（资料收集、现场踏勘、技术设计、人员组织、仪器准备等）	2011 年 9 月 10 日	
2	控制测量	2011 年 9 月 30 日	
3	完成地形测图的 50%	2011 年 10 月 25 日	二级检查完成
4	完成地形测图的 100%	2011 年 11 月 20 日	二级检查完成
5	完成成果资料整理和技术文档编写	2011 年 11 月 25 日	

4. 生产流程（图5.2）

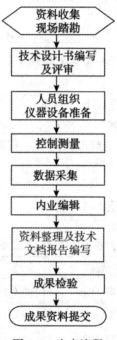

图5.2　生产流程

5. 安全管理

（1）应自始至终树立"安全第一，预防为主"的原则，认真遵守单位的安全生产管理制度和操作细则，服从安全管理，确保作业期间人身、仪器设备、财产和资料的安全。

（2）作业前，应认真检查所要使用的仪器设备是否处于安全状态，应熟悉操作规程，严格按有关规程进行操作。

（3）进入单位、居民宅院测绘时，应出示相关证件，注意文明用语，说明情况和受

166

到对方允许后方可进行作业；在建筑物屋顶作业时，要提高安全防范，注意观察周围和设施情况，确保安全后才可作业。

（4）遇雷电天气应立即停止作业，选择安全地点躲避，禁止在山顶上、开阔的斜坡上、大树下、河边等区域停留，避免遭受雷电袭击。

（5）在人车流量大的道路、桥梁和隧道附近以及道路弯道和视线不清的地点作业时，必须穿着安全警示服，并应设置安全警示标志或警示墩，必要时，还应安排专人担任安全警戒员。迁站时，应将测量仪器纵向肩扛行进，防止意外发生。

（6）作业人员进入工地现场一定要注意防火，特别在居民密集、山林等重点防火区不得使用明火，乱扔烟头。

6. 质量保证

（1）建立严格的检查验收制度。

（2）项目机构配有专职检查员并制定相应对策和质量、岗位责任制，全面推行质量管理和目标责任管理，在组织措施上使质量目标真正实现。

（3）坚决实行质量一票否决制，工程质量达不到质量目标的坚决返工重测。

（4）各作业组在设站测量时，必须做好定向检查，然后才能进行碎部点测量；防止因输入的控制点坐标或点号有误或其他原因造成的整站成果作废。

（5）测量成果实行二级检查、一级验收制度，即作业组专职检查和公司质检部门最终检查，最后由业主委托单位作最终成果验收。

（6）我公司实行质量责任终身制，对以后的质量跟踪、后续服务等能起到一定的保障。

7. 工期保障

（1）签订合同后，迅速做好施测前的各项准备，做到早进场、快开工。必须保证测绘仪器设备的及时就位，测量员尽快熟悉测量任务、技术设计和相关测量规范要求，为项目开展创造有利条件。

（2）加强对全体作业人员的思想教育，树立一个"干"字，立足一个"抢"字，确保一个"好"字，好中求省，好中求快，时间就是效益，以饱满的热情投入到该测绘项目中。

（3）抓住重点，攻破难点，加强宏观控制，在仪器设备和队伍选择上，严格挑选，上好的人员，配备最好的设备，以满足工程的需要。

（4）选用会管理、懂技术的人担任主要负责人，严格规章制度，上令下行。科学安排施工，最大限度地安排平行作业，展开各工序，抓好工序衔接，做好环环相扣，加快工程进度。

（5）加强领导，建立健全岗位责任制，签订责任状，以天计划保旬计划，以旬计划保月计划，确实保证各项工程按计划完成。

（6）落实按劳分配原则，充分调动广大职工的积极性，群策群力，团结协助，保质保量的按期完成。

（7）搞好后勤保障工作和安全管理，使作业人员无后顾之忧。

（8）根据进度计划安排对工程实行全面控制，根据工程进展情况随时进行调整，确保工期计划完成。

5.1.5 项目技术总结

下面是一份典型的项目技术总结，以供参考。

×××县×××镇规划区
1∶1000 数字地形图测绘技术总结

1. 概述

1.1 目的任务

为满足×××县×××镇次中心城市规划建设的需要，×××县×××镇人民政府通过公开招标方式，选定×××测绘有限公司承担×××镇规划区 12.5 平方公里 1∶1000 数字地形图测绘工作。

1.2 测区概况

×××镇位于××省××市×××县西南部，距县城 57 公里，南与广东××县接壤。横贯公路、三坑公路、黄线公路贯穿整个×××镇境内，大广高速还在筹划修建中外，整个×××镇已经实现了"村村通公路"，交通便利。境内丘陵、山地交错。沿太平江及其支流两岸为河谷平地。地势西南高、东北低，山地占面积的 77.5%，尤其为低丘及河谷平地。最高处为仙人嶂，海拔 1036 米；最低处为车田村，海拔 310 米。境内气候温和，四季分明。年均气温 18.5℃，年极端低温−5.30℃，年极端高温为 37℃。日照时间长，雨量充沛，常年温暖湿润。

测区地理位置位于东经 114°35′35″~114°38′23″、北纬 24°36′57″~24°39′21″。作业区位于×××县×××镇西侧，地理位置优越，水陆交通便利，测区北至夹湖乡，南至九连山，面积为 12.5 平方公里。测区内地形丰富，村庄、山丘、植被、河流交相错落，村庄区房屋密集，位置零乱，给控制布网及施测带来较大的困难。

1.3 已有资料

1.3.1 控制点成果

测区周边有三个 GPS C 级控制点，且保存完成，可作为测区控制起算数据。

已有控制点成果

点名	等级	纵坐标 X（m）	横坐标 Y（m）	高程 H（m）	备注
龙南	GPS-C	×××××××.×××	580421.371	206.620	水准高程
东江	GPS-C	×××××××.×××	581345.092	213.915	水准高程
临塘	GPS-C	×××××××.×××	580829.990	253.948	拟合高程

注：1980 西安坐标系，1985 高程基准，3 度投影带。

1.3.2 地形图资料

测区 1∶1 万地形图。

1.4 实施情况

1.4.1 主要技术人员

主要技术人员

序号	姓　名	性别	技术职称	工作年限	项目任职
1	×××	男	高级工程师	13	项目负责人
2	×××	男	副教授	26	技术负责人
3	×××	男	讲师	12	质检负责人
4	×××	男	讲师	7	生产负责人

1.4.2 主要仪器设备

主要仪器设备

仪器设备名称	厂家型号规格	数量	用途
静态型 GPS 接收机	中海达 8200G	6 台	控制测量
动态型 GPS 接收机	中海达 V9	6 台	控制测量及地形测图
全站仪	拓普康 GTS-102N	8 台	地形测图
全站仪	徕卡 TC-406	4 台	地形测图
水准仪	威斯曼 AL-32	4 台	水准测量
笔记本电脑	联想、华硕等	15 台	数据处理及成图
车辆	江铃皮卡	2 台	交通运输

1.4.3 工作时间及工作量

从 2011 年 9 月 3 日开始进场作业；外业共投入控制组 2 个，测图组 10 个；于 2011 年 11 月 18 日结束外业；于 2011 年 11 月 23 日结束图件绘制、资料整理、报告编制等内业工作。

共布设 GPS D 级控制点 4 个、GPS E 级控制点 14 个、图根控制点 119 个，测绘 1∶1000 比例尺地形图 12.582km² 。

2. 作业技术依据

(1)《全球定位系统（GPS）测量规范》（GB/T18314—2009）；

(2)《卫星定位城市测量技术规范》（CJJ/T73—2010）；

(3)《全球定位系统实时动态测量（RTK）技术规范》（CH/T2009—2010）；

(4)《国家三、四等水准测量规范》（GB12898—2009）；

(5)《1∶500，1∶1000，1∶2000 地形图图式》（GB/T20257.1—2007）；

(6)《1∶500、1∶1000、1∶2000 外业数字测图技术规程》（GB/T14912—2005）；

(7)《城市测量规范》（CJJ/T8—2011）；

（8）《测绘技术总结编写规定》（CH/J1001—2005）；

（9）《数字测绘产品质量要求》（GB/T17941.1—2000）；

（10）《×××县×××镇规划区 1∶1000 数字地形图测绘技术设计书》。

3. 坐标和高程系统

（1）投影分带：高斯-克吕格投影，3°分带，中央子午线 114°00′00″。

（2）平面坐标系统：1980 西安坐标系。

（3）高程系统：1985 国家高程基准。

4. 控制测量

4.1 首级控制测量

4.2 图根控制测量

图根点在首级控制的基础上采取全站仪极坐标法布测和 RTK 测定，数量和点位以满足碎部测量的需要为原则。测图区域内有 GPS 控制点 15 个、图根点 119 个，平均每平方公里达到 10 个控制点，充分满足了碎部测量的需要。

本区图根点编号前冠 T，后面以三位阿拉伯数字连续编号，如 T001，T002，…。

图根点全部采用临时标志，在泥土地段打入木桩，在基岩地段钉水泥钉或以红油漆喷涂表示。

以 RTK 观测的图根点，其高程与坐标直接采用观测成果。

以极坐标法观测的图根点，其垂直角观测一个测回，视距控制在 300m 以内，采用三角高程测量。图根点坐标取位到 0.001m，高程取位到 0.01m。

4.3 高程控制测量

（1）首级控制点的高程采用 GPS 拟合高程。

（2）RTK 图根点直接解算测定高程，计算精确到 0.01m。

（3）图根点的高程采用光电测距三角高程测定，其垂直角以 5″ 级以上全站仪中丝法对向观测一测回，指标差较差与垂直角较差不大于 15″，仪高、觇高精确量至毫米。图根点采用近似平差法计算，高程计算精确到 0.01m。

5. 地形测量

5.1 测绘方法与技术要求

使用全站仪尽量采用极坐标法测量，部分开阔地区采用 RTK 直接测出坐标和高程。对于隐蔽或不易到达的地方，使用距离交会法、方向交会法，特别困难的地方使用部分解析法。

测图比例尺为 1∶1000，基本等高距为 1.0m，高程点注记到 0.1m。

在碎部测量设站时，增加了对 RTK 图根点数据的校验。

地貌部分加大了数据采集密度，辅以草图，当天施测完后及时绘图，发现无法有疑问的地方，次日到现场仔细核对。

碎部点坐标以经平差后的控制点坐标计算得到。

全站仪测量地形、地物的最大视距为 300m。边长观测时，将气象因子置入仪器自行改正，同时也考虑了仪器加常数、乘常数的影响。

5.2 测绘内容及取舍

本区地形图测绘内容主要包含测量控制点、居民地及各类工矿建（构）筑物及其他设施，交通、管线、水系及附属设施，地貌和土质、植被等各项地物、地貌要素，以及地理名称注记等。

（1）本区图上反映的测量控制点主要包括 GPS（E）级控制点及图根控制点。

（2）房屋轮廓以墙基外角为准，并按建筑材料与性质分类，注记楼房层数（平房不注记层数）。本区房屋性质按"砼"、"砖"、"木"、"简单房屋"等区分表示，分类原则遵照《图式》相规定执行。

（3）集中的居民地调查注记了院落名称和地理名称。

（4）一般房屋和围墙轮廓凸凹实地小于 1m、简单房屋小于 0.3m 时，采用直线连接；房屋相邻间距大于 1.5m 时，均分开表示。

（5）2m 以上的大车路、乡村路、小路等按实际宽度测绘，并注记了路面材料，不足2m 的以单线表示。

（6）宽度 2m 以下的冲沟以单线表示，冲沟标绘有水流方向。

（7）自然形态的地貌以等高线表示，建筑物内部不绘等高线。

（8）各种天然形成的斜面坡、陡坎，其比高小于等高距的 1/2 时，未予表示；人工修筑的陡坎未到 1/2 等高距时，则根据周围地形地物选择表示。相邻地块高差在 2m 以上时，一般加绘坎子符号。

（9）耕地、林地及其他地类实测范围，配有相应的表示符号，地坎适当取舍，以等高线配合符号表示，能够反映旱地的地貌形态。对具有方位意义的小面积植被加以测绘表示。

（10）高程注记平均密度为图上每平方分米 5~15 个，注记点选注于明显地物、地貌特征点的位置，注记至 0.1m。

5.3 地形图的绘制和要素分层

地形图采用南方 CASS9.0 数字成图软件绘制，作业方法按南方 CASS 软件的要求进行。地形图数据（.dwg 文件）分层按南方 CASS 软件标准。

6. 质量评述

质量检查严格执行两级检查、一级验收制度。一级检查由公司专职检查组执行，二级检查由公司项目管理中心执行，二级检查要出具检查报告。验收由省测绘产品质量监督检验站组织实施。

6.1 内业检查情况

从内业检查的情况看，整个图面交代较清楚，地形地物相对关系合理，房屋建筑材料、地理名称与植被符号、高程注记等内容齐全，文字、数据注记规格大小适宜、统一，主要电力线、通信线走向连贯，图幅接边良好。不足之处是：有的文字、数据注记位置选择不佳，文字注记间隔不规范。

6.2 外业检查情况

外业检查分同精度全站仪散点检查和巡视皮尺量距检查。

从全站仪设站检查来看，建筑物角点及地质工程点平面位置精度及高程精度都较高，中误差小于《勘测规范》的限差。

巡视检查地物点间距中误差符合规范的要求，地貌反映逼真。

巡视检查中也发现了问题和不足之处，图根点图上有注记，但实地难以找到点位的情况也有出现，这些情况反映了部分作业员工作不够细致。

对检查中发现的问题和不足之处，以及验收单位初检提出的内、外业问题，都及时组织安排相关人员按照有关要求做出相应的纠正处理。

6.3 结论

通过检查，本区控制测量充分利用已有成果，基本控制方案合理，观测、计算无误。在已有足够基本控制点的情况下，直接以 RTK、全站仪发展图根点是适宜的，检查得出的地形图数学精度是较高的，也是可靠的；计算机成图软件选择合乎相关要求，数字化图要素分层正确；图面内容反映完整，主要地物无遗漏，植被符号配置正确，地貌反映逼真，高程注记较为均匀，文字、数字注记位置恰当，整饰良好。

因此，提交的地形图数据完全可以满足规划建设的需要。

7. 资料成果

(1) 原始观测记录手簿、各种计算资料；

(2) D、E 级 GPS 控制、图根控制点的展点图和图幅接合图；

(3) D、E 级 GPS 网图；

(4) 控制点成果表（包括 GPS 点、埋石图根点、一般图根点成果表）；

(5) 1∶1000 比例尺地形图成果数据（DWG 格式）；

(6) 技术设计书、技术总结各 3 份；

5.1.6 项目检查验收

下面是一份典型的项目检查验收报告，以供参考。

×××县×××镇规划区
1∶1000 数字地形图检查验收报告

1. 检查任务概要

×××县×××镇人民政府通过公开招标方式，选定×××测绘有限公司承担×××镇规划区 12.5 平方公里 1∶1000 数字地形图测绘工作。

×××测绘有限公司质检部依据《测绘产品检查验收规定》，安排专职检查人员，对本测区测绘成果进行了全面的检查。

2. 检查工作概况

在作业组自检、互检的基础上，公司质检部安排了×××、×××两名质检员，×××为质检负责人，于 2011 年 11 月 15 日至 20 日，对全部外业测绘成果进行了检查；于 2011 年 11 月 21 日至 23 日，对全部内业测绘成果进行了检查。

3. 引用技术文件

(1)《全球定位系统（GPS）测量规范》（GB/T18314—2009）；

(2)《卫星定位城市测量技术规范》（CJJ/T73—2010）；

（3）《全球定位系统实时动态测量（RTK）技术规范》（CH/T2009—2010）；

（4）《国家三、四等水准测量规范》（GB12898—2009）；

（5）《1∶500，1∶1000，1∶2000地形图图式》（GB/T20257.1—2007）；

（6）《1∶500、1∶1000、1∶2000外业数字测图技术规程》（GB/T14912—2005）；

（7）《城市测量规范》（CJJ/T8—2011）；

（8）《测绘技术设计规定》（CH/T1004—2005）；

（9）《数字测绘产品质量要求》（GB/T17941.1—2000）；

（10）《数字地形图系列和基本要求》（GB/T18315—2001）；

（11）《数字测绘成果质量检查与验收》（GB/T18316—2008）；

（12）《数字测绘产品检查验收规定和质量评定》（GB/T18316—2001）；

（13）《×××县×××镇规划区1∶1000地形图测绘技术设计书》。

4. 主要质量问题及处理情况

4.1 首级控制测量检查

由于篇幅所限，同时考虑本书主要针对数字测图教学，本节内容不做具体表述。

4.2 图根控制测量检查

本测区采用GPS-RTK方法进行图根点控制测量，测定三个首级控制点，使用随机软件求解转换参数，转换参数采用七参数方式。

每次测量前都对当前基站设置的正确性进行检验。流动站观测前，首先检查一个以上的已知控制点，当检核结果小于3cm时，才开始进行GPS-RTK图根测量。测量时，作业半径均不超过5km。作业时坐标精度设置为2cm，并连续观测10个历元，作为测量点的坐标成果。

采用同样的方法对图根点进行检查，经检查，原测坐标与检测坐标较差均小于5cm。

经检查，采用GPS-RTK测量，方法正确，各项精度指标满足规范及设计要求。

4.3 地形图检查

外业抽查12幅图，抽查比例约为25%，内业检查比例为100%，经检查，地形图图式符号应用正确，图面表示清楚，整洁美观，取舍合理。

存在的一些主要问题如下：

砂石地河滩未表示；

个别漏绘高压电杆；

个别斜坡误绘为陡坎；

个别通信线连接错误；

个别居民的厢房和门洞应分开表示，不可综合；

水渠地下入口未表示；

个别漏绘通信线杆；

个别依比例绘制的水渠误绘为单线；

整条通信线误绘为低压线，

个别变阻箱表示为变压器；

个别旱地和树林综合太大；

个别漏绘建筑物入口；

个别漏绘高压杆；

车间误绘为混合2层；

个别漏绘等高线；

房屋相互关系错误一处。

测区内图幅之间进行了全部拼接检查，经检查未发现重大问题，拼接中发现的问题已现场修改。

以上发现的问题，均进行了全面修改，修改后的成果资料，经复查满足规范及设计要求。

4.4 数据及其他方面检查

4.4.1 数据检查

数据分层正确、线型符合要求、颜色随层表示、图形数据拓扑关系正确。但还存在个别问题，如文字注记的字体、字号不符合要求，地物符号运用不统一等。

以上存在的问题已经进行了统一修改，修改后符合图式要求。

4.4.2 其他方面检查

各种仪器设备均按要求进行了测前检定和检验，检验资料齐全、完整，各项性能指标满足规范及设计要求。

5. 质量统计和检查结论

5.1 质量统计

依据《测绘产品质量评定标准》，对该工程测绘产品进行了检查统计。统计结果如下：

外业设站检查情况：地物点相对于邻近图根点的点位中误差为±6.7cm；邻近地物点间距中误差为±9.4cm，高程注记点相对于邻近图根点的高程中误差为±5.8cm，均在限差要求范围内，满足规范要求。

5.2 检查结论

图根点布设合理，施测方法正确，成果资料齐全，精度可靠。

地形图图面美观整洁，综合取舍合理，图式符号运用正确，图面清晰易读，高程点精度可靠，密度适当，等高线走向合理，能够准确反映实地的地形地貌及细部特征。

地形图数据分层正确，代码无误，线型合理，文字注记的分类正确，满足设计及规范的要求。

各项成果资料均满足规范及设计要求，根据《测绘产品质量评定标准》。该测区测绘成果评定为合格。

6. 附表

附表1：地物点点位误差检测表；

附表2：高程注记点相对于邻近图根点的高程误差检测表；

附表3：邻近地物点间距误差检测表。

5.2　数字测图综合实训

5.2.1　实训技能目标

(1) 理解和消化课堂教学内容，巩固和加深课堂所学知识；
(2) 熟练掌握数字测图常用仪器全站仪和 GPS-RTK 的使用；
(3) 掌握数字测图项目的技术设计、组织实施和技术总结；
(4) 掌握利用全站仪和 GPS-RTK 进行图根控制测量的方法；
(5) 掌握利用全站仪和 GPS-RTK 进行野外数据采集的方法；
(6) 掌握运用南方 CASS9.0 成图软件进行内业成图的方法；
(7) 掌握数字测图工作的作业依据、检查验收及上交资料；
(8) 培养从事数字测图工作吃苦耐劳、认真负责的职业素养。

5.2.2　实训项目内容

选取一个面积约 $0.5km^2$ 的测区，进行一个完整的数字测图任务。

5.2.3　实训方法步骤

(1) 测区踏勘，收集资料；
(2) 编写项目技术设计书；
(3) 拟定组织实施方案；
(4) 图根控制测量，分别用全站仪和 GPS-RTK 进行图根控制测量；
(5) 野外数据采集，分别用全站仪和 GPS-RTK 进行野外数据采集；
(6) 运用南方 CASS9.0 数字成图软件完成项目内业成图全套工作。
(7) 完成测绘成果资料的整理和检查验收。

5.2.4　实训基本要求

(1) 每个作业组完成面积约 $0.5km^2$ 的数字测图任务；
(2) 测图比例尺 1∶500，等高距 1m，采用 1954 北京坐标系统或 1980 西安坐标系，采用 1956 黄海高程或 1985 国家高程基准；
(3) 技术标准执行有关规范规程；
(4) 保证人身和仪器安全；
(5) 遵守纪律，听从指挥，实习期间无特殊原因不得请假；
(6) 实习期间必须遵守学校各项纪律和各项规章制度。

5.2.5　实训提交成果

(1) 原始观测记录手簿和各种计算资料；
(2) 图根控制点成果；

（3）1∶500 比例尺地形图电子成果和纸质资料；

（4）技术设计书、技术总结报告；

（5）项目实训报告。

5.2.6 实训效果评定

实训效果评定按优、良、中、及格和不及格五级进行评定。评定标准依据技术方法、成果质量、工作进度、职业素养等方面进行综合评定。

参 考 文 献

［1］徐宇飞，等．数字测图技术［M］．郑州：黄河水利出版社，2005.

［2］张博，等．数字化测图［M］．北京：测绘出版社，2011.

［3］冯大福，等．数字测图［M］．重庆：重庆大学出版社，2010.

［4］纪勇，等．数字测图技术应用教程［M］．郑州：黄河水利出版社，2007.

［5］杨晓明，等．数字测图［M］．北京：测绘出版社，2009.

［6］夏广岭，等．数字测图［M］．北京：测绘出版社，2012.

［7］梁勇，等．数字测图技术及应用［M］．北京：测绘出版社，2009.

［8］贺英魁，等．GPS 测量技术［M］．重庆：重庆大学出版社，2010.

［9］李德仁．摄影测量与遥感概论［M］．北京：测绘出版社，2008.

［10］王佩军，等．摄影测量学（测绘工程专业）［M］．武汉：武汉大学出版社，2010.

［11］刘广社，等．摄影测量［M］．郑州：黄河水利出版社，2011.

［12］国家测绘局．测绘技术设计规定（CH/T1004—2005）［S］．北京：测绘出版社，2005.

［13］国家测绘局．测绘技术总结编写规定（CH/T1001—2005）［S］．北京：测绘出版社，2005.

［14］中国国家标准化管理委员会．1：500、1：1000、1：2000 地形图图式（GB/T20257.1—2007）［S］．北京：中国标准出版社，2005.

［15］中国国家标准化管理委员会．1：500、1：1000、1：2000 外业数字测图技术规程（GB/T14912—2007）［S］．北京：中国标准出版社，2005.

［16］中国国家标准化管理委员会．数字测绘成果质量检查与验收（GB/T18316—2008）［S］．北京：中国标准出版社，2008.

［17］国家测绘局．全球定位系统实时动态（RTK）测量技术规范（CH/T2009—2010）［S］．北京：测绘出版社，2010.

［18］中国国家标准化管理委员会．工程测量规范（GB50026—2007）［S］．北京：中国标准出版社，2007.

［19］南方 CASS9.0 用户手册．